Forschung und Praxis · Band 44

Berichte aus dem Fraunhofer-Institut
für Produktionstechnik und Automatisierung,
Stuttgart, und dem Institut
für Industrielle Fertigung und Fabrikbetrieb
der Universität Stuttgart

Herausgeber: Prof. Dr.-Ing. H. J. Warnecke

Klaus-Georg Wilhelm

System zur Planung des Umlaufbestandes in Betrieben mit Serienfertigung

Mit 67 Abbildungen und 15 Tafeln

Springer-Verlag
Berlin Heidelberg GmbH 1980

Dipl.-Ing. Klaus-Georg Wilhelm
Fraunhofer-Institut für Produktionstechnik und Automatisierung (IPA), Stuttgart

Dr.-Ing. H. J. Warnecke
o. Professor an der Universität Stuttgart
Fraunhofer-Institut für Produktionstechnik und Automatisierung (IPA), Stuttgart

Additional material to this book can be downloaded from http://extras.springer.com

D 93

ISBN 978-3-540-10377-6 ISBN 978-3-642-81547-8 (eBook)
DOI 10.1007/978-3-642-81547-8

Gesamtherstellung: Drucken + Werben GmbH · Löwenstraße 94 · 7000 Stuttgart 70 · Telefon (07 11) 76 49 59.

2362/3020—543210

Geleitwort des Herausgebers

Die Entwicklungen in der Produktionstechnik in den letzten Jahrzehnten haben entscheidend zur positiven wirtschaftlichen und sozialen Entwicklung in der Bundesrepublik Deutschland beigetragen. Die Produktivität konnte jedes Jahr um durchschnittlich etwa 3,5 % gesteigert werden. Mechanisierung und Automatisierung wurden und werden stetig weiter vorangetrieben. Während es sich bisher jedoch um Verbesserungen an einzelnen Maschinen und Anlagen sowie Verfahren handelte, werden heute alle Unternehmensbereiche erfaßt, und man ist bemüht, das gesamte System Unternehmen bzw. Produktionsbetrieb zu optimieren. Das klassische Bemühen um Optimierung des Einsatzes und Zusammenwirkens der Produktionsfaktoren Mensch, Maschine und Material muß heute erweitert werden um die Berücksichtigung sozialer Belange, gesetzlicher Auflagen, Probleme der Energieversorgung, schnellen Veränderungen an den Produkten und auf den Märkten sowie Sicherung der Qualität und der Lieferfähigkeit.

Von wissenschaftlicher Seite wird und muß dieses Bemühen unterstützt werden durch die Entwicklung von Methoden und Vorgehensweisen zur systematischen Analyse und Verbesserung des Systems Produktionsbetrieb. Hier ist heute insbesondere auch der Fertigungsingenieur gefordert, nicht nur einzelne Maschinen und Verfahren zu beherrschen, sondern das gesamte komplexe System hinsichtlich der Verknüpfung seiner Elemente durch zweckmäßigen Informations- und Materialfluß. Beispielhaft seien dazu nur hinsichtlich des Informationsflusses die heute gegebenen Möglichkeiten der Datenerfassung und -verarbeitung in Fertigungsplanung und -steuerung, an den einzelnen

Produktionsanlagen sowie im Qualitätswesen genannt. Im Materialfluß geht es um richtige Auswahl und Einsatz von Fördermitteln, Forderhilfsmitteln sowie Anordnung und Ausstattung von Lägern. Der weiteren Automatisierung in der Handhabung von Werkstucken und Werkzeugen sowie der Montage von Produkten wird in nachster Zukunft allergrößte Aufmerksamkeit geschenkt werden. Leistungsfähige Sensoren werden die Möglichkeiten dafur sehr stark vergrößern.

Die beiden vom Herausgeber geleiteten Institute, das Institut für Industrielle Fertigung und Fabrikbetrieb der Universität Stuttgart sowie das Fraunhofer-Institut fur Produktionstechnik und Automatisierung in Stuttgart, arbeiten in grundlegender und angewandter Forschung intensiv an den aufgezeigten Entwicklungen in der Produktionstechnik mit. Zur Umsetzung gewonnener Erkenntnisse wird die Schriftenreihe "IPA Forschung und Praxis" herausgegeben. Der vorliegende Band setzt diese Reihe fort, eine Übersicht uber bisher erschienene Titel wird am Schluß dieses Bandes gegeben.

Dem Verfasser sei fur die geleistete Arbeit gedankt, dem Springer-Verlag für die Aufnahme dieser Schriftenreihe in seine Angebotspalette und der Druckerei fur saubere und zügige Ausführung. Möge das Buch von der Fachwelt gut aufgenommen werden.

Hans-Jurgen Warnecke

Vorwort

Die vorliegende Arbeit entstand während meiner Tätigkeit als wissenschaftlicher Mitarbeiter am Fraunhofer-Institut für Produktionstechnik und Automatisierung (IPA) in Stuttgart.

Herrn Prof. Dr.-Ing. H. J. Warnecke, dem Leiter des Institutes, bin ich für die wohlwollende Unterstützung und großzügige Förderung der Arbeit zu besonderem Dank verpflichtet.

Herrn Prof. Dr.-Ing. K. Lange danke ich vielmals für die eingehende Durchsicht der Arbeit und die sich daraus ergebenden Hinweise.

Allen Mitarbeitern des Instituts, die mir bei der Anfertigung dieser Arbeit behilflich waren, danke ich ebenfalls. Dieser Dank gilt insbesondere den Herren Dr.-Ing. habil. H.-J. Bullinger, Dr. phil., Dipl. phys. K. Kornwachs und Dr.-Ing. W. Dangelmaier.

Darüberhinaus möchte ich den Herren Dr. h. c. W. Sauer und G. Eckhoff, Vorstandsmitglieder der VW do Brasil S. A., für die Anregung und Unterstützung der Arbeit sehr herzlich danken.

Stuttgart, März 1980 K. G. Wilhelm

INHALTSVERZEICHNIS

0 VERWENDETE GRÖSSEN UND EINHEITEN

Symbol	Bedeutung	Einheit
a	Anzahl der Fertigungslose in der Kontrollgruppe j innerhalb der Bedarfsstrecke	
A	Umlaufplanung	
A_{ijk}	Auftragsmenge des Objektes i für die Kontrollgruppe j für den Planungszyklus k	[Stück]
AA	Ist-Daten Aufbereitung	
AB	Basisdateien	
Ab_j^h	Abgangsmenge am Kontrollpunkt h in Kontrollgruppe j	[Stück]
AC	Bestandsrechnung	
AD	Bedarfsrechnung	
AE	Auftragsterminierung	
AF	Kapazitätsbelegung	
AG	Bestandsdatei	
AH	Fertigungsauftragsdatei	
AM_{ijk}	Absatzmenge der Kontrollgruppe j im Planungszyklus k	[Stück]
b	Anzahl der Fertigungslose in der Kontrollgruppe j+1 innerhalb der Bedarfsstrecke	
B	Umlaufsteuerung	
B_{ij}	Bestand des Objektes in der Kontrollgruppe j	[Stück]
B^F (t)	Bestandsverlauf in der Fertigungsstelle	[Stück]
B^Z	Bestandsverlauf im Zwischenlager	[Stück]
BA	Soll/Soll- Soll/Ist-Vergleich	
BB	Ursachenanalyse	
BC	Reaktionssystem	
BED	Nettobedarf des Objektes i der Kontrollgruppe j zum Beginn des Planungszyklus k	[Stück]
$\widetilde{BED}$	mittlerer Nettobedarf	[Stück]
BR_{ijk}	Bedarfsrate der Kontrollgruppe j im Planungszyklus k	$\left[\frac{\text{Stück}}{\text{Zeiteinheit}}\right]$

$\tilde{BR}$	mittlere Bedarfsrate	$\left[\frac{\text{Stück}}{\text{Zeiteinheit}}\right]$
BR_{FZ}	Bedarfsrate des Fertigungszyklus	$\left[\frac{\text{Stück}}{\text{Zeiteinheit}}\right]$
CKD	Bausatz (completely knocked down)	
D	Differenz zwischen dem Beginn zweier aufeinanderfolgender Fertigungslose	[Zeiteinheit]
DB	Bestandsdifferenz	[Stück]
EX	Exportaggregate	
f	Überführungsfunktion	
F_U	Errechnete Anzahl der Einheitsfahrzeuge	$\left[\frac{\text{Anzahl}}{\text{Monat}}\right]$
FD	Fertigungsdauer des Loses L	[Zeiteinheit]
FZ	Fertigungszyklus	
h	Index der Kontrollpunkte I,...,VI	
i	Index des Objektes	
IB_{ijk}	Istbestand des Objektes i in der Kontrollgruppe j zum Zeitpunkt t_k	[Stück]
IB^F	Istbestand in der Fertigungsstelle	[Stück]
IB^Z	Istbestand im Zwischenlager	[Stück]
j	Index der Kontrollgruppe	
k	Index des Planungszyklus	
K_{EF}	Errechnete Materialkosten für das "Einheitsfahrzeug"	$\left[\frac{\text{Wert}}{\text{Fahrzeug}}\right]$
K_F	Errechnete Materialkosten für die gefertigten Fahrzeuge im Monat	$\left[\frac{\text{Wert}}{\text{Monat}}\right]$
KD	Ersatzteile (Kundendienst)	
KGV	Kleinstes gemeinschaftliches Vielfaches	
l	Laufvariable des Fertigungszyklus der Kontrollgruppe j	
L_x	Fertigungslosmenge im Fertigungszyklus x	[Stück]
m	Anzahl der Fertigungslose im Planungszyklus	
M	Ausgleichsfunktion	
M_{ij}^{CKD}	Einbaumenge des Objektes i pro Bausatz, bezogen auf Kontrollgruppe j	$\left[\frac{\text{Stück}}{\text{Bausatz}}\right]$

M_{ij}^{EX}	Einbaumenge des Objektes i pro Exportaggregat, bezogen auf Kontrollgruppe j	$\left[\frac{\text{Stück}}{\text{Aggregat}}\right]$
M_{ij}^{S}	Einbaumenge des Objektes i pro Fahrzeug, bezogen auf Kontrollgruppe j	$\left[\frac{\text{Stück}}{\text{Fahrzeug}}\right]$
MK_U	Umlaufbestand im Fertigungsbereich	$\left[\frac{\text{Wert}}{\text{Monat}}\right]$
n	Anzahl der Planungszyklen	
p_{FS}	Sicherheitspuffer ausgedrückt in Anteilen des Produktionsprogrammes in Tagen	[Tage]
p_{LS}	Sicherheitsbestand ausgedrückt in Anteilen des Produktionsprogramms in Tagen	[Tage]
P_K	Zu fertigende Fahrzeuge im Monat	$\left[\frac{\text{Fahrzeuganzahl}}{\text{Monat}}\right]$
P_k^{CKD}	Primärbedarf Bausätze zum Zeitpunkt t_k	[Bausatzanzahl]
P_k^{EX}	Primärbedarf Exportaggregate zum Zeitpunkt t_k	[Aggregateanzahl]
P_k^{KD}	Primärbedarf Ersatzteile zum Zeitpunkt t_k	[Stück]
P_k^{S}	Primärbedarf Serienfahrzeuge zum Zeitpunkt t_k	[Fahrzeuganzahl]
PB_{ijk}	Planbestand des Objektes i in der Kontrollgruppe j zu Beginn t_k des Planungszyklus k	[Stück]
PB^F	Planbestand in der Fertigungsstelle	[Stück]
PB^Z	Planbestand im Zwischenlager	[Stück]
PM_{ijk}	Produktionsmenge der Kontrollgruppe j im Planungszyklus k	[Stück]
PM^{IST}	gefertigte Fahrzeuge im Monat	$\left[\frac{\text{Fahrzeuganzahl}}{\text{Monat}}\right]$
PP_{ijk}	Bruttobedarf des Objektes i in der Kontrollgruppe j zum Beginn des Planungszyklus k	[Stück]
PZ	Planungszyklus	
q	Laufvariable der Planungszyklen für die Summation der Fertigungslose in der Kontrollgruppe j	
r	Laufvariable der Planungszyklen für die Summation der Bedarfsmengen der nachfolgenden Kontrollgruppen j+1	

R_U	Reichweite des Umlaufbestandes im Fertigungsbereich	[Tage]
s	Laufvariable des Fertigungszyklus der Nachfolgekontrollgruppe j+1	
S	Serienfahrzeug	
t	Zeitvariable	
t_k	Zeitpunkt zum Beginn des Planungszyklus k	
t_o	Anfangszeitpunkt des betrachteten Bestandsverlaufs	
t_x	Beginn des Fertigungszyklus	
T	Zeitpunkt im Fertigungszyklus x	
T_{FU}	Fülldauer des Umlaufs u^F	[Zeiteinheit]
T_U	Entleerungsdauer des Umlaufs u^F	[Zeiteinheit]
T'	Zeitpunkt im Fertigungszyklus x+1	
u	Umlaufanteil	[Stück]
u_A	Aggregateumlauf	[Stück]
u_{FD}	Dispositionspuffer	[Stück]
u_{FF}	Fixumlauf	[Stück]
u_{FS}	Sicherheitspuffer	[Stück]
u_{LS}	Sicherheitsbestand	[Stück]
u^F	Umlaufanteile in der Fertigungsstelle	[Stück]
U	Ort des Umlaufbestandes u	
v_{ijk}	Produktionsgeschwindigkeit, mit der die Fertigungsstelle j im Planungszyklus k das Objekt i fertigt	$\left[\frac{\text{Stück}}{\text{Zeiteinheit}}\right]$
x	Index für den Fertigungszyklus	
X	Inputmenge	
Y	Outputmenge	
Zu_j^h	Zugangsmenge am Kontrollpunkt h in Kontrollgruppe j	[Stück]
ZP	Zählpunkt	
α	Laufvariable für die Ermittlung des Maximus	
Δj	Differenz aus Soll/Ist-Vergleich	[Stück]
Δt	Taktzeitunterschied	[Zeiteinheit]
σ	Ausschußfaktor	

1 EINLEITUNG

Für erwerbswirtschaftlich ausgerichtete Unternehmen stellt die Rentabilität des investierten Kapitals die entscheidende Meßgröße zur Beurteilung des wirtschaftlichen Ergebnisses dar /1/. Wie aus Bild 1 ersichtlich ist, zeigt sich die Rentabilität als Produkt aus Umsatzrendite und Kapitalumschlag. Das Umlaufvermögen mit seinen Komponenten Vorräte und Forderungen hat auf den Kapitalumschlag einen direkten Einfluß. Das Ansteigen der Vorräte bedeutet unter sonst gleichen Umständen einen geringeren Kapitalumschlag. Da das betrieblich gebundene Umlaufvermögen in der Regel mit Fremdkapital finanziert wird, führen steigende Vorräte auch zu höheren Zinsaufwendungen und vermindern den Unternehmensgewinn und damit die Umsatzrendite. Eine Erhöhung der Vorräte reduziert somit die Rentabilität in zweifacher Weise.

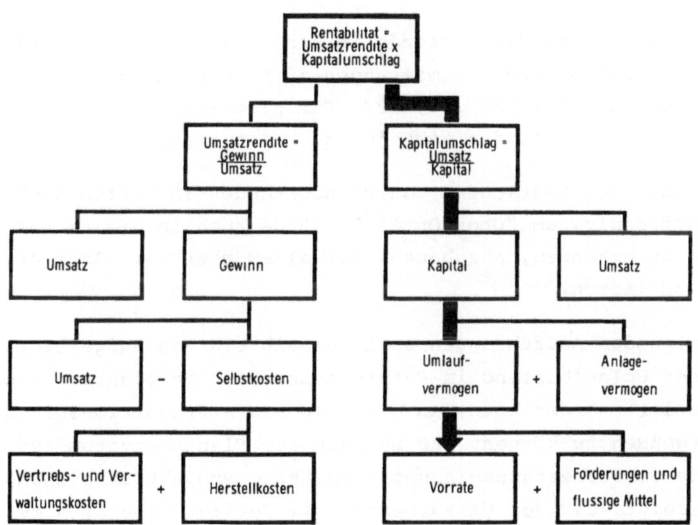

Bild 1: Beeinflussung der Rentabilität durch die Vorräte /2/

Betrachtet man die Vermögensstruktur deutscher Aktiengesellschaften /3/, so ist zu erkennen, daß die Anteile der Vorräte und Forderungen ca. 60 % der Bilanzsummen ausmachen und damit die Höhe des Kapitalumschlags maßgeblich beeinflussen. Da der Dispositionsspielraum der Unternehmen bezüglich der Forderungen begrenzt ist, erscheint eine wirksame Einflußnahme auf den Kapitalumschlag und damit die Rentabilität nur auf dem Weg einer Bestandsreduzierung im Vorrätebereich erfolgversprechend.

Innerhalb eines Unternehmens befinden sich die Vorräte als Bestände vor allem in den Bereichen Einkauf, Fertigung und Vertrieb /45/. Im Hinblick auf eine störungsfreie Aufgabenerfüllung ist jeder dieser Funktionsbereiche an hohen Beständen interessiert. In jedem der Bereiche können deshalb, besonders im Falle einer bereichsorientierten Verantwortungsabgrenzung, "überhöhte" Bestände entstehen.

Häufig wird versucht, die Bestände in den Einkaufs- und Vertriebslägern durch Teilbereichsoptimierungen zu planen und auf dieser Grundlage zu kontrollieren /56, 82/. Für eine Planung und Kontrolle im Fertigungsbereich finden sich jedoch keine Hinweise.

Die Forderung nach Festlegung von Planbeständen im Fertigungsbereich ist aber notwendig, um "überhöhte" Bestände auch in diesem Bereich als solche zu erkennen, abzubauen, vor allem aber gar nicht erst entstehen zu lassen.

Mit den folgenden Ausführungen soll deshalb ein Weg aufgezeigt werden, wie der Umlaufbestand im Fertigungsbereich in planbare Elemente strukturiert werden kann, um diese in einem Produktionsplanungssystem verwenden zu können. Das betrachtete Planungssystem ist dann eine um die Umlaufbestandsplanung erweiterte Produktionsplanung. Es wird aufgezeigt, daß der Umlaufbestand im Fertigungsbereich systematisch erfaßt und geplant werden kann.

Der Entwurf des Planungs- und Steuerungssystems geschieht mit Hilfe einer systemtheoretischen Betrachtungsweise, die stufenweise von allgemeineren Überlegungen bis hin zur eigentlichen Planungsrechnung führt. Die aus dem Fertigungsablauf für den Umlaufbestand resultierenden entscheidenden Einflüsse werden an Hand einer Modellvorstellung des Materialflusses im Fertigungsbereich festgelegt.

Es wird gezeigt, daß eine Erprobung des Systems bereits mit Hilfe manueller Vorgehensweisen den Umlaufbestand im Fertigungsbereich beträchtlich zu senken vermag.

Die vorliegende Arbeit will einen Beitrag zur Behandlung und zur Beherrschung des Problems der "überhöhten" Bestände im Fertigungsbereich und damit des gebundenen Kapitals im Unternehmen überhaupt leisten.

2 ABGRENZUNG DES UNTERSUCHUNGSFELDES

2.1 BEDEUTUNG DER BEGRIFFE

Im folgenden sollen die Begriffe: Umlaufbestand im Fertigurgsbereich sowie Umlaufbestand in der Produktionsplanung und -steuerung erläutert werden.

Weitere Begriffsdefinitionen erfolgen jeweils im Zusammenhang mit ihrer erstmaligen Verwendung in den entsprechenden Kapiteln.

2.1.1 Der Umlaufbestand im Fertigungsbereich

Die Bestände an Vermögen und Kapital eines Unternehmens kommen in der Bilanz zum Ausdruck, deren wesentliche Positionen gemäß dem Ausweisschema des § 151, Abs. 1 des Aktiengesetzes wie folgt untergliedert sind:

VERMOGEN (AKTIVSEITE)	KAPITAL (PASSIVSEITE)
• Anlagevermogen • Umlaufvermogen • Rechnungsabgrenzungsposten • Bilanzverlust	• Grundkapital • offene Rucklagen • Wertberichtigungen • Ruckstellungen • Verbindlichkeiten • Rechnungsabgrenzungsposten • Bilanzgewinn

Bild 2: Positionen der Bilanz

Die tiefere Strukturierung des Umlaufvermögens führt zur Unterscheidung von Vorräten und anderen Gegenständen des Umlaufvermögens; ihr Ausweis zeigt das folgende Bild 3.

UMLAUFVERMOGEN	
VORRATE	ANDERE GEGENSTANDE
• Roh-, Hilfs, - Betriebsstoffe • halbfertige Erzeugnisse • Fertigerzeugnisse • Waren	• Wertpapiere • Forderungen • Zahlungsmittel

Bild 3: Bestandteile des Umlaufvermögens

Die differenzierte Aufzeichnung der wertmäßigen Vorratveränderungen erfolgt im allgemeinen monatlich in den vom betrieblichen Rechnungswesen dafür vorgesehenen Konten, die sich nach bestimmten Ordnungsprinzipien in einen nach Kontenklassen und Kontengruppen differenzierenden Kontenrahmen des Unternehmens einpassen /4/. Über die Kontenklassen des Kontenplans kann u.a. der monatliche Bestandswert nach Verantwortungsbereichen getrennt entsprechend dem in Bild 4 aufgezeigten Prinzip ausgewiesen werden. Der Bestand an halbfertigen Erzeugnissen im Fertigungsbereich wird in dieser Arbeit als U m l a u f - b e s t a n d verstanden.

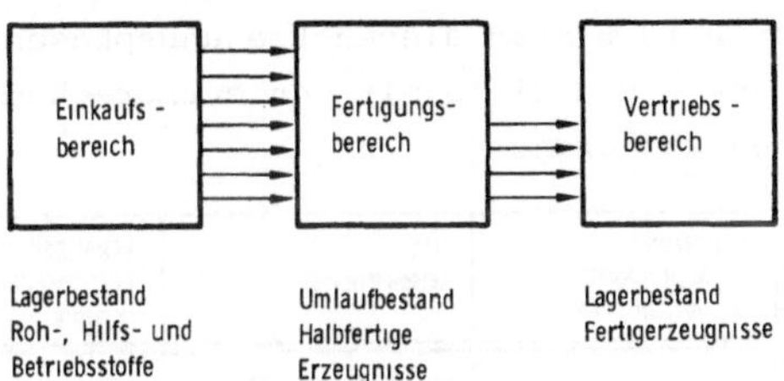

Bild 4: Verantwortungsbereiche für die Vorräte

Der mit Materialkosten bewertete Umlaufbestand wird in den Unternehmen monatlich in den Kontengruppen (z.B. Stahlbleche, Guß- und Schmiedeteile, Rohre und Buntmetalle usw.) ausgewiesen und stellt daher für den Betriebsingenieur nur eine statistische Aussage dar. Für die Produktionsplanung sind solche wertmäßigen Bestandsgrößen jedoch keine Planungsgrößen. Vielmehr sind Angaben über benötigte Eigenfertigungsteile, Zusammenbauten, Aggregate und Fertigerzeugnisse Grundlage für die Planungsrechnung. Dies gilt dann auch für die Planung des Umlaufbestandes.

Der Umlaufbestand im Fertigungsbereich besteht aus Objekten /5/ wie Rohteilen, Eigenfertigungsteilen bis hin zur Abnahme der Fertigerzeugnisse. Die Objekte befinden sich an jeder Fertigungsstelle in einem bestimmten Bearbeitungszustand, der zeitlich planbar sein soll.

2.1.2 Der Umlaufbestand in der Produktionsplanung und -steuerung

Unter Produktionsplanung und -steuerung kann in Anlehnung an Gutenberg /6/

- o die Planung des Produktionsprogrammes,

- o die Planung der Bereitstellung der Produktionsfaktoren (Betriebsmittel, Werkstoffe und Personal) und
- o die Planung und Steuerung des Produktionsablaufes

verstanden werden.

Für die vorliegende Arbeit ist diese Definition jedoch zu umfassend. Soll der Einfluß des Umlaufbestandes auf die Produktionsplanung deutlich werden, ist eine Einschränkung der Definition mit Hilfe des Planungshorizontes erforderlich. In den Ausführungen von Hahn /7/ wird zwischen der lang-, mittel- und kurzfristigen Produktionsplanung unterschieden. In Bild 5 sind diesen Planungsphasen beispielhaft Funktionsschwerpunkte und Ziele mit den entsprechenden Veränderungen der Planungsgrößen zugeordnet.

PRODUKTIONS-PLANUNG	FUNKTIONS-SCHWERPUNKTE (beispielsweise)	ZIEL (beispielsweise)	VERANDERUNG DER PLANUNGSGROSSEN Horizont	Zyklus	Basis
langfristig	Produktions-Programmplanung	Grobabstimmung von Vertriebsprogramm und Kapazitaten	Jahre	Jahr	Fertigungs-bereich
mittelfristig	Mengenplanung	Bilden von Auftrags-mengen fur die Fertigung und Beschaffung			
kurzfristig	Maschinenbelegungs- und Materialbereit-stellungsplanung	Feinabstimmung von Fertigungsauftragen und Kapazitaten	Tag	Tag	Maschine

Bild 5: Terminplanungsstufen der Produktionsplanung

In der langfristigen Produktionsplanung wird aus dem Vertriebsprogramm über einen Grobabgleich mit den zur Verfügung stehenden Personal- und Betriebsmittelkapazitäten das langfristige Produktionsprogramm erstellt. Nachdem sich die Kapazitäten nur langfristig wirkungsvoll beeinflussen lassen, bewegt sich die anschließende mittel- und kurzfristige Planung in den langfristig festgelegten Schranken. Daher wird der Umlaufbestand als Einflußgröße in einem Produktionsplanungssystem im mittel- und kurzfristigen Bereich untersucht.

Bild 6 bringt in Anlehnung an /8, 9, 10/ den Aufbau eines Systems für die mittel- und kurzfristige Produktionsplanung und -steuerung zum Ausdruck. Das dazugehörige Produktionsprogramm wird in dieser Arbeit als bereits optimiert vorausgesetzt; Hauptfunktionen des Systems liegen demgemäß in der Bereitstellungsplanung der Produktionsfaktoren und der Planung und Steuerung des Produktionsablaufs. Dieses System der Produktionsplanung und -steuerung muß dann nach Ellinger/ Wildemann /11/ die vier Funktionsgruppen: Mengenplanung, Terminplanung, Auftragssteuerung und die dazu jeweils erforderlichen Datenverwaltungen beinhalten.

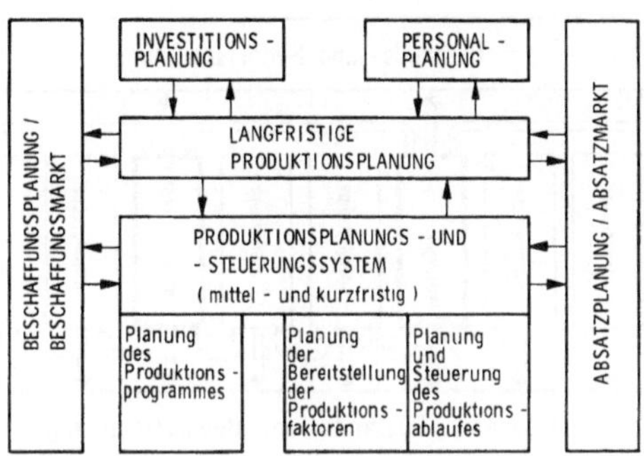

Bild 6: Zusammenwirken der Produktionsplanung mit angrenzenden Planungsaufgaben

Die Vorgehensweise der Mengenplanung /12/ ist in der oberen Hälfte von Bild 7 schematisch dargestellt. Neben der Mengenbestimmung für die Objekte werden die Termine für die Bereitstellung des Bedarfs ermittelt. Aus Bild 7 ist zu erkennen, daß die Verfahren der Bestands- und Bedarfsrechnung auf Dispositionsstufen vollzogen werden, wie sie z.B. von einem Aggregat oder Eigenfertigungsteil repräsentiert werden. Durch verschiedene aufeinanderfolgende Fertigungsarten, die sich durch diskontinuierliche oder kontinuierliche Fertigung unterscheiden lassen /13,14/, wird eine zeitliche Mengenverschiebung in den Bearbeitungsstufen eines Objektes verursacht, die sich auf die Höhe des Umlaufbestands auswirkt. Die bisherige Vorgehensweise der Mengenplanung kann diesen Umstand nicht berücksichtigen, da für die Dispositionsstufe nur eine Vorlaufzeit /45/ festgelegt werden kann.

Wenn der Umlaufbestand im Fertigungsbereich innerhalb der Mengen- und Terminplanung differenziert berücksichtigt werden soll, genügen die bisher angeführten Dispositionsstufen (Bild 7) nicht. Für eine genaue Mengendisposition müssen zusätzliche Stufen, die hier als Kontrollgruppe bezeichnet werden, eingeführt werden.

In der unteren Hälfte des Bildes 7 ist diese differenziertere Vorgehensweise schematisch dargestellt. Es ist erforderlich, daß die Abgrenzungseinflüsse zu einer Kontrollgruppe festgelegt und die sich daraus ergebenden zusätzlichen Dispositionsstufen in die Stücklisten als Erweiterung aufgenommen werden. Diese Stufen müssen nicht die einzelnen Arbeitsvorgänge eines Arbeitsplanes widerspiegeln, sondern können zusammengefaßte Bearbeitungsstufen sein, die hintereinander liegen.

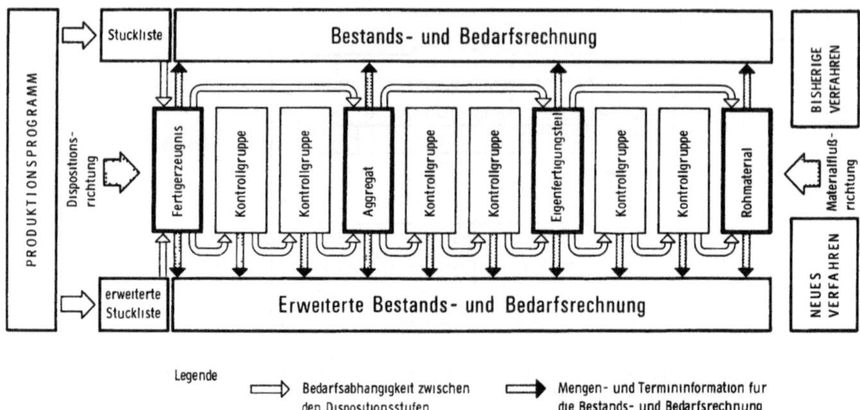

Bild 7: Dispositionsstufen bei der Bestands- und Bedarfsrechnung

Es soll deshalb versucht werden, die bekannten Verfahren der Mengen- und Terminplanung als Bestandteile der mittel- und kurzfristigen Produktionsplanung und -steuerung um die Planung und Steuerung des Umlaufbestandes zu erweitern.

2.2 STAND DER ERKENNTNISSE

Zur Abgrenzung des vorliegenden Untersuchungsfeldes soll ein Überblick über die Arbeiten gegeben werden, die sich mit dieser Thematik beschäftigen. Es kann festgestellt werden, daß auf die Frage nach der Sollgröße des Umlaufbestandes im Fertigungsbereich keine eindeutige Antwort im Schrifttum gegeben wird. Infolge der Beziehung

$$\text{Kapitalbindung} = \text{Objektwert} \times \text{Durchlaufzeit} \qquad (1)$$

wird versucht, Bestände festzulegen, die sich aus der direkten Einflußgröße der Durchlaufzeit ableiten lassen. Es werden deshalb in den Arbeiten /15, 16, 17, 18, 19/ Komponenten der Durchlaufzeit definiert und für Terminplanungsverfahren aufbereitet. Da in diesen Veröffentlichungen nicht alle Anteile der Durchlaufzeit mathematisch dargestellt und berechnet werden, machen es die nicht quantifizierbaren Einflußgrößen im Fertigungsablauf erforderlich, daß Zeitanteile durch Erfahrungswerte gebildet werden (z.B. statistische Erhebungen und Schätzungen). Dazu werden EDV-gestützte Durchlaufzeitanalyseverfahren entwickelt und verwendet /1, 20/, welche Zeitwerte und Einflußgrößen ermitteln und den Fertigungsablauf in eine transparente Darstellung bringen.

Als indirekte Einflußgrößen auf die Durchlaufzeit werden im Schrifttum u.a. /21, 22, 23/ der Fertigungstyp, die Zusammensetzung des Produktionsprogrammes und die Erzeugniskomplexität nachgewiesen.

Kettner /1/ zeigt erste Ansatzpunkte für eine Umlaufbestandsplanung auf. Über kumulierte Mengen-Zeit-Betrachtungen von Ein- und Ausgangsmengen in einem Arbeitssystem werden dynamische Bestandsentwicklungen dargestellt. Dabei entstehen die Umlaufbestände im Arbeitssystem aus den Ein- und Ausgangsmengen der zu fertigenden Aufträge. Es ist jedoch keine Aussage zu finden, wie hoch der Bestand in solch einem Arbeitssystem für seine Funktionserfüllung sein muß.

In einer weiteren Untersuchung /24/ werden die erforderlichen Umlaufbestände im Fertigungsbereich in ablauf- und dispositionsbedingte Anteile unterschieden. Mit statistischen Methoden wird eine Quantifizierung der Einflußgrößen und eine Analyse zu den beiden Bestandsarten über einen längeren Beobachtungszeitraum vorgenommen. Ein allgemeiner Ansatz zur Planung des Umlaufbestandes im Fertigungsbereich kann auch hier nicht erkannt werden. Dies gilt auch für Bestandsuntersuchungen bei veränderten Verfahren der Kapazitätsterminierung /25/.

Da neben den Grundlagen zur Planung des Umlaufbestandes in dieser Arbeit aufgezeigt werden soll, wie vorhandene Produktionsplanungssysteme um die Forderung nach Umlaufbestandsplanung erweitert werden müssen, wird auf die grundsätzlichen Verfahren der Mengenplanung /26, 12/ wie

- o Bruttobedarfsermittlung mit Stücklistenauflösung,
- o Bestandsrechnung
- o Nettobedarfs- und Bestellrechnung

und Verfahren der Terminplanung /27, 11/ zurückgegriffen. Die für die Mengen- und Terminplanung umfangreich zur Verfügung stehenden EDV-Programmsysteme /28, 29, 30/ können Ansatzpunkte für ein erweitertes EDV-gestütztes Produktionsplanungssystem aufzeigen.

Für die Auswahl eines geeigneten Systems für den Produktionsplanungs- und Produktionssteuerungsbereich müssen Strukturmerkmale des Unternehmens /11/ berücksichtigt werden, wie

- o Organisationstyp der Fertigung (z.B. Werkstatt-, Reihen- und Fließfertigung),
- o Auftragstyp (z.B. Auftrags- oder Lagerfertigung),
- o Fertigungstyp (z.B. Einzel-, Serien- und Massenfertigung),
- o Produktstruktur (z.B. Stufigkeit des Erzeugnisses).

Im folgenden Kapitel soll die Abgrenzung des Untersuchungsfeldes nach solchen Strukturmerkmalen vorgenommen werden.

2.3 DIE SERIENFERTIGUNG ALS UNTERSUCHUNGSFELD

2.3.1 Die Serienfertigung als ausgewählter Fertigungstyp

Bei der Konzeption von Produktionsplanungs- und -steuerungssystemen erhebt sich immer wieder die Frage, ob die Belange der Einzelfertigung und der Serienfertigung gleichermaßen berücksichtigt werden können. Die Ergebnisse einer Literaturauswertung /11/ zeigen, daß die Anforderungen der Funktionsgruppen eines Produktionsplanungssystems durch die Strukturmerkmale der Unternehmen relativ zueinander gewichtet werden können. Aus dem Bild 8 ist zu entnehmen, daß die Serienfertigung an die Mengenplanung größere Anforderungen als die Einzelfertigung stellt. Eine Entwicklung oder Benutzung unterschiedlich arbeitender Mengenplanungssysteme ist daher für die verschiedenen Fertigungstypen unumgänglich.

Strukturmerkmale / Funktionsgruppe	Werkstattprinzip	Reihenfertigung	Fließprinzip
	Einzelfertigung	Serienfertigung	Massenfertigung
Mengenplanung	○	◑	●
Terminplanung	●	◑	○
Auftragssteuerung	●	◑	○
Datenverwaltung	◑	●	○

● sehr große ◑ große ○ geringe Bedeutung

Bild 8: Relative Bedeutung der Funktionsgruppen in Abhängigkeit von Strukturmerkmalen

Ein System für die mittel- und kurzfristige Planung bezieht sich schwerpunktmäßig bei der Einzelfertigung auf die Termindisposition, während für die Serienfertigung der Schwerpunkt in der Mengenplanung liegt /31,32/.

Da sich der Umlaufbestand in der Fertigung auf die Planungsvorgänge der Bestands- und Bedarfsrechnung innerhalb der Mengenplanung entscheidend auswirkt, soll in dieser Arbeit die Serienfertigung als Untersuchungsfeld gewählt werden. Die Automobilindustrie ist ein typischer Vertreter der Serienfertigung. Es bot sich daher an, die Untersuchungen im Rahmen dieser Arbeit in einem Unternehmen der Automobilindustrie durchzuführen.

2.3.2 Ein Automobilunternehmen als Untersuchungsfeld

Die Sicherung und Steigerung von Marktanteilen der Automobilindustrie ist nur möglich, wenn bei dem sich erschwerenden Konkurrenzkampf absatzwirtschaftliche Forderungen wie

- o Neumodellentwicklung in kürzeren Zeitabständen
- o Vergrößerung des Typenangebotes und der Ausstattungsvarianz

erfüllt werden /33, 34/.

Mit einer Anzahl von Grundprodukten (Fahrzeugtypen) und einer umfangreichen Variation von Ausstattungen (z.B. Schiebedach, Motor- und Getriebeversionen)sollen Wünsche des Käufermarktes erfüllt werden. Diese Variationen können den Fertigungsablauf, der sich in der Automobilindustrie über die Fertigungsbereiche Preßwerk, Rohbau, Lackiererei, Aggregatefertigung (Motoren, Getriebe, Achsen, Sitze usw.) und Endmontage erstreckt, unterschiedlich beeinflussen.

Der Vertrieb fordert neben den Variationen kurze Lieferfristen. Das bedeutet, daß das Fahrzeuglager mit seiner Typen- und Ausstattungsvarianz sehr groß gehalten werden muß und somit viel Kapital bindet. Man sucht deshalb den Kompromiß in der Form, daß Standardtypen der Aggregate gefertigt und erst in der Endmontage die meisten auftragsspezifischen Ausstattungsvarianten berücksichtigt werden.

Aus der beispielhaften Auswertung der Jahresinventur (Bild 9) in einem Automobilunternehmen ist zu erkennen, daß der Umlaufbestand in der Teilefertigung mit seinen Zwischenlägern den größten Wert erreicht, obwohl der Materialwertefluß in diesem Bereich verhältnismäßig gering ist.

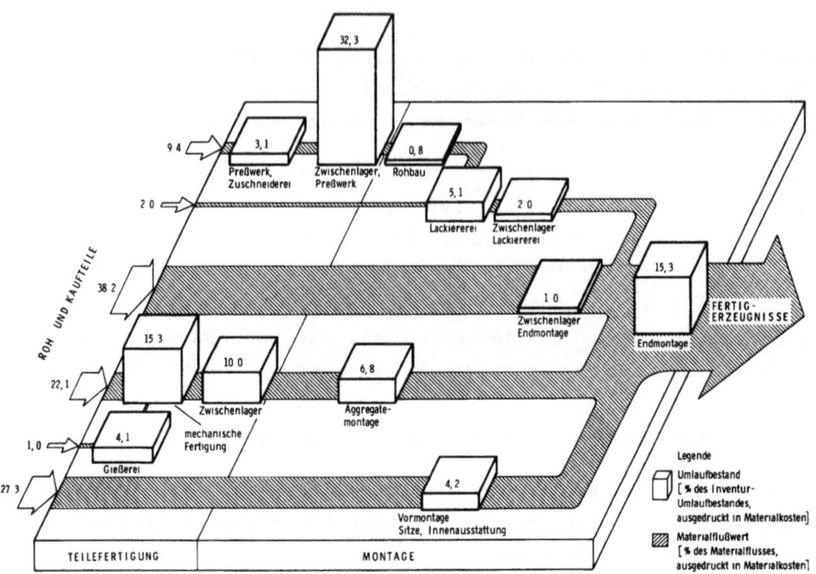

Bild 9: Verteilung des Jahresinventurbestandes im Fertigungsbereich /39/

Diese Tatsache, die sich durch betriebswirtschaftlich ermittelte Kostenwerte /4/ dokumentieren läßt, kann aber von den heute eingesetzten Produktionsplanungssystemen nicht wirkungsvoll verändert werden, da diese Kostenwerte noch keine Steuerungsparameter sind. Es wird deshalb für den Fertigungsbereich ein System entwickelt, um damit den Umlaufbestand zu planen und zu steuern. Es soll dadurch dem Fertigungsbereich ermöglicht werden, gezielt den Umlaufbestand zu beeinflussen, indem erforderliche Planbestände zur Verfügung gestellt werden, die mit den Daten der Istbestände des Produktionsprozesses abgeglichen werden können.

2.4 VORGEHENSWEISE UND ZIELSETZUNG DER ARBEIT

2.4.1 Verwendete Methodik

Der Entwurf eines Systems zur Planung und Steuerung des Umlaufbestandes wird mit Hilfsmitteln der Systemtheorie durchgeführt. Diese erlaubt aus der Kenntnis der allgemeinen Problemstellung und aus der Kenntnis der Bausteine herkömmlicher Produktionsplanungssysteme einen zunächst axiomatischen* Systementwurf, der dann in approximativen Schritten verfeinert wird. Dabei wird auf Grund einer hierarchischen Gliederung der Systeme in Kap. 3 zu immer detaillierteren Subsystemen übergegangen. Diese Vorgehensweise ist in den Arbeitsberichten /36, 37, 38/ näher dargelegt. Bild 10 soll die Zerlegung in Subsysteme bei verschiedenen Detaillierungsstufen veranschaulichen.

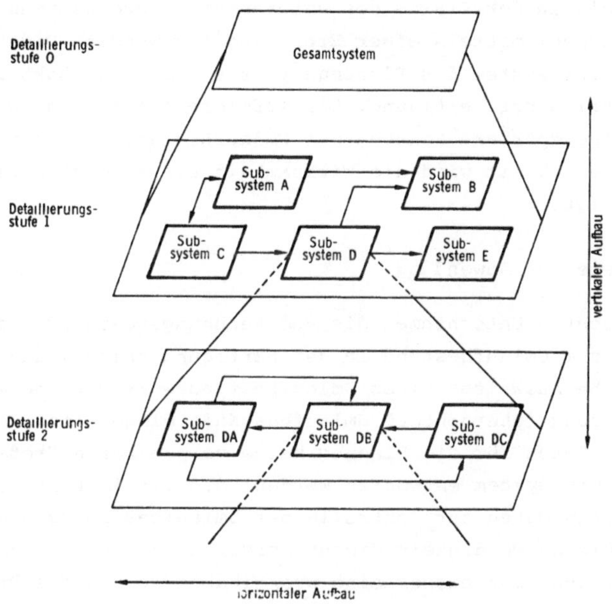

Bild 10: Hierarchischer Aufbau von Systemen /8/

Es werden zwei Systeme betrachtet. Das System des Materialflusses und das Planungssystem. Das Materialflußsystem dient zur Lokalisation von möglichen Planungs- und Steuerungsbereichen. Das System zur Planung und Steuerung des Umlaufbestandes benutzt die Modellvorstellung über den Materialfluß.

Auf Grund der so gewonnenen Erkenntnisse über ein solches Planungssystem werden die einzelnen Komponenten diskutiert. Die entscheidenden Planungsgrößen für den Umlaufbestand werden im Kap. 4 festgelegt und ihr Zusammenhang rechnerisch erfaßt. Die einzelnen Fertigungsarten

* Axiomatisch bedeutet hier, daß außer Plausibilitätsbetrachtungen keine weitere Begründung für den spezifischen Systementwurf angegeben werden.

für die verschiedenen Bearbeitungsfolgen, die in der Serienfertigung auftreten können, werden diskutiert, und es wird eine Bestimmung der Werte für die Planbestände auf die in dem Produktionsbereich vorgenommene Unterteilung der sogenannten Kontrollgruppen vorgenommen.

Die auf diese Weise festgelegten Planbestände werden im Kap. 5 auf zwei Fälle, die in der Praxis des untersuchten Unternehmens am häufigsten vorkommen, mittels einer Erprobung angewendet. Diese Erprobung ist ein Teilsystem des Planungssystems und beschränkt sich auf einen Teilbereich der Fertigung. Die erfolgreiche Anwendung zeigt sich durch eine spürbare Senkung des Umlaufbestandes in den betroffenen Bereichen. Damit wird die Wirksamkeit einer solchen Planungsrechnung gezeigt.

2.4.2 Ziele der Anwendung

Da im untersuchten Unternehmen die vom Rechnungswesen /39/ ausgewiesenen Zahlen zum Umlaufbestand in der Fertigung zeigen, daß durch das summarische Ausweisen eines Umlaufbestandswertes keine Maßnahmen zur Beeinflussung "überhöhter" Umlaufbestände eingeleitet werden können und diese Daten für die Planung keine verwendbaren Größen darstellen, muß ein System entworfen werden, daß mit im Fertigungsbereich erfaßbaren Daten zur Kontrolle des Umlaufbestandes die Planung ermöglicht. Die Notwendigkeit dieser Forderung ist schon lange erkannt worden, ohne daß bisher eine praktikable Lösung des Problems auf Grund betriebswirtschaftlicher Daten möglich gewesen wäre.

Durch die Erprobung eines solchen Systems und gleichzeitig als praktische Bedingung für eine erfolgreiche Einführung wird innerhalb der Fertigungsbereiche selbst ein erhöhtes Kostenbewußtsein für den hohen Anteil des Umlaufbestandes angestrebt.

Wenn der Praktiker im Unternehmen durch kurzfristige und einfach einzuführende Lösungsschritte, die zu einem wirkungsvollen Planungsinstrument nach und nach ausgebaut werden können, von der Notwendigkeit der Planung des Umlaufbestandes überzeugt werden kann, dann kann er entsprechend seiner Verantwortung auch für die aktive Mitarbeit zu einer komplexen Lösung gewonnen werden /40, 41, 42/. Die Ergebnisse dieser vorliegenden Arbeit sollen einen ersten Schritt auf diesem Wege darstellen.

3 SYSTEMTHEORETISCHE BETRACHTUNGEN ZUR PLANUNG UND STEUERUNG DES UMLAUFBESTANDES

3.1 ZUM SYSTEMBEGRIFF

Unabhängig vom untersuchten Unternehmen befaßt sich eine systemtheoretische Untersuchung des Problems der Planung und Steuerung des Umlaufbestandes nur mit der Struktur des Materialflusses und der Struktur der Informationsflüsse. Die Struktur des Materialflusses liefert einen Hinweis darauf, wie die Umlaufbestandsdaten zu strukturieren sind. Die Struktur des Informationsflusses gibt Aufschluß darüber, wie die Organisation der Daten und der Berechnung der erforderlichen Planungsgrößen zur Planung und Steuerung des Umlaufbestandes aufgebaut sein muß.

Ein System besteht aus einer Menge von Elementen, die miteinander verknüpft sind. Diese Verknüpfung nennt man Struktur des Systems. Elemente eines Systems sind grundsätzlich Subsysteme, die im Rahmen des zu behandelnden Problems nicht mehr weiter zerlegt werden /43/. Haben die Elemente ein Verhalten, d.h. läßt sich der Ausgang eines Elements in eindeutiger Weise aus den Werten des Inputs ableiten, so weist das Element eine Überführungsfunktion auf. Generell kann man jedes System durch sein reales permanentes Verhalten definieren /44/. Dieses Verhalten kann man durch die Angabe der Relation zwischen der Inputmenge X und der Outputmenge Y angeben. Sind diese Relationen Funktionen, so spricht man von einer Überführungsfunktion

$$f : X \rightarrow Y . \qquad (2)$$

Diese Überführungsfunktion kann im Falle des eigentlichen Planungssystems als Informationsverarbeitung aufgefaßt werden, im Falle eines Materialflußsystems als Mengenänderung oder als Änderung des Bearbeitungszustandes.

Die Planung und Steuerung des Umlaufbestandes im Fertigungsbereich wird als System verstanden. Zunächst lassen sich drei Klassen von Systemen unterscheiden, die von Ropohl /35/ als Leitlinien, Subjekte und Gegenstände der Systemtechnik bezeichnet werden (Bild 11).

Das Produktionsplanungssystem, in dessen Rahmen die Planung und Steuerung des Umlaufbestandes vorgenommen werden soll, ist als Handlungssystem aufzufassen. Dabei sind zwei Betrachtungsweisen zu unterscheiden:

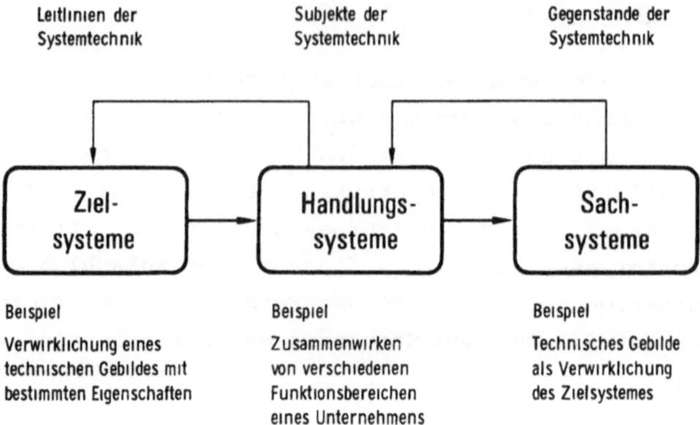

Bild 11: Drei Systemklassen in der Systemtechnik /83/

- o Der Vorgang der Planung selbst stellt einen systematisch aufzufassenden Ablauf von Handlungen dar (Anweisungen).
- o Die Erzeugung der Anweisungen (Steuer- und Plangrößen) geschieht auf Grund von systemtheoretisch darstellbaren Zusammenhängen zwischen Ist-Daten aus der Fertigung und der Kenntnis des Fertigungsbereichs.

Die Planung als aktueller Vorgang bezieht sich auf das Sachsystem "Fertigungsbereich", als dem eigentlichen technisch-materiellen System. Hier soll vor allem der Materialfluß im Fertigungsbereich als Teilaspekt betrachtet werden.

Das Zielsystem der Planung des Umlaufbestandes erzeugt die Forderung nach genereller Senkung der "überhöhten" Bestände. Es ist eingebettet in das allgemeine Zielsystem einer effizienten Unternehmensführung. Vom Standpunkt der Systemtechnik sind das Handlungssystem der Planung und das Sachsystem des Materialflusses als Gegenstand der vorliegenden Arbeit anzusehen.

3.2 DAS MODELLSYSTEM DES MATERIALFLUSSES

Die Planung und Steuerung des Umlaufbestandes setzt ein Strukturmodell des Materialflusses voraus, um überhaupt mögliche Planungs- und Steuerungsbereiche lokalisieren zu können.

Bei der Modellvorstellung zum Materialfluß bieten sich für die verallgemeinerte Betrachtungsweise die Fertigungsstufen an /45/, die zwischen den Ebenen des Rohmaterials, der Eigenfertigungsteile, den Zusammenbaugruppen und dem Fertigerzeugnis liegen. Die Objekte, aus denen der Materialfluß besteht, durchlaufen diese Fertigungsstufen in verschiedener Weise. Daraus ergibt sich für die jeweiligen Objekte eine Struktur, die die einzelnen Fertigungsstufen durch gerichtete Graphen /46/ miteinander verknüpft. Diese Verknüpfungen sind durch sich ändernde Fertigungsabläufe variabel. Diese Variabilität bezieht sich aber nur auf einen Teil der Materialflußstruktur, so daß die Zuordnung der Objekte zu den einzelnen Stellen in den Fertigungsstufen durch ein Subsystem (Zuordner) geleistet werden soll, dessen innere Struktur nunmehr als variabel angesehen wird. Die Festlegung dieser inneren Struktur legt dann die Struktur des gesamten Materialflusses fest. Bild 12 zeigt schematisch eine Materialflußstruktur.

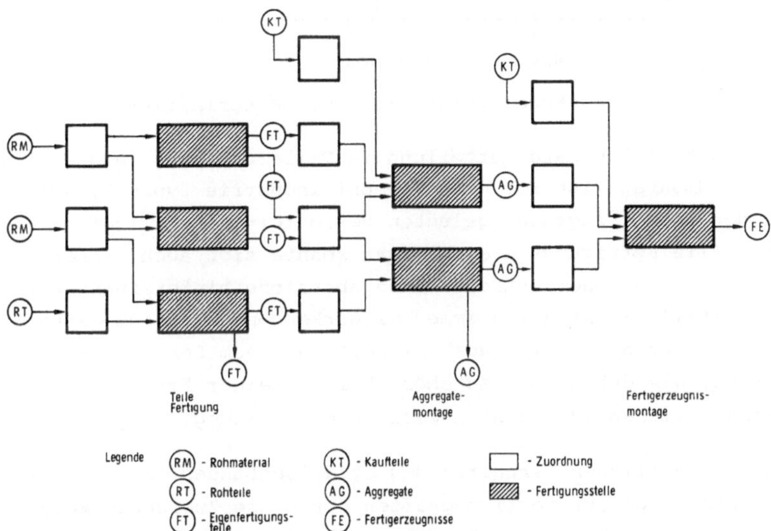

Bild 12: Allgemeine Vorstellung zur Materialflußstruktur

3.2.1 Modellvorstellung über den Materialfluß

Bild 13 zeigt auf der ersten Detaillierungsstufe die Modellvorstellung, die den Materialfluß im Fertigungsbereich abbilden soll. Zunehmende Aggregierung bis hin zur Fertigerzeugnismontage verdichtet den Materialfluß und ist in dieser Form charakteristisch für eine mehrfach synthetische Fertigung /47/. Man kann nun festlegen, daß der Materialfluß (d.h. welches Objekt in welcher Fertigungsstelle im jeweiligen Fertigungsbereich bearbeitet wird) durch Subsysteme (Zuordner) geregelt wird, die den jeweiligen Fertigungsbereichen zugeordnet sind. Weitere Subsysteme mit zuordnender Funktion befinden sich in den Fertigungsbereichen selbst. Sie steuern den Fluß der Objekte bezüglich ihrer Verwendungsart, d.h. sie entscheiden, ob sie als Ersatzteil, Aggregat usw. den Fertigungsbereich verlassen oder in den nächsten Fertigungsbereich weitergegeben werden.

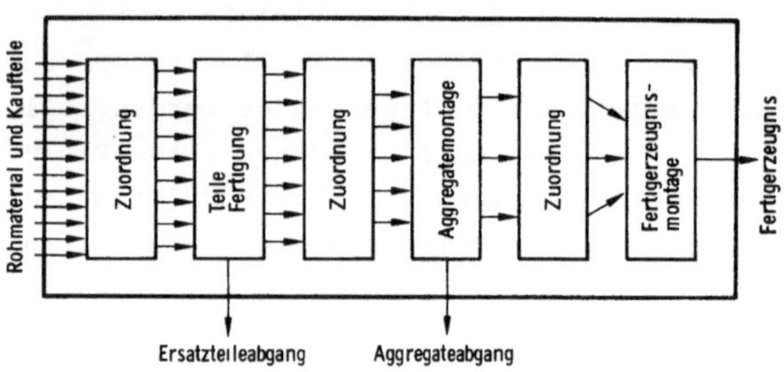

Bild 13: Modellvorstellung vom Materialfluß

Die im Bild 13 erkennbare Aufteilung in Teilefertigung, Aggregatemontage und Endmontage ist für die Automobilindustrie typisch, soll aber für die der Arbeit zugrunde gelegten Serienfertigung allgemein gültig sein. Alle Fertigungsbereiche (man könnte sich auch mehrere Teilefertigungsbereiche oder mehrere Montagebereiche hintereinander angeordnet vorstellen) enthalten immer wiederkehrende Fertigungsstellen, die sich weniger durch die Zugehörigkeit zu einem Fertigungsbereich auszeichnen, als durch ihre Zugehörigkeit zu einer Fertigungsart, der diskontinuierlichen oder kontinuierlichen Fertigung.

Da es beim zeitlichen Verhalten des Umlaufbestandes im wesentlichen darauf ankommt, welche Fertigungsarten durch die Zuordnung aufeinander treffen, erscheint es plausibel, bei der Aufteilung der Fertigungsbereiche in Subsysteme nach diesen Fertigungsarten als abgrenzendem Aspekt zu suchen. Somit wird die den Umlaufbestand verursachende Materialflußstruktur nicht nur von der Struktur des Erzeugnisses, sondern auch von der Struktur des Fertigungsablaufes bei sich wechselnden Fertigungsarten für die einzelnen Objekte gebildet. Die Strukturen für die Montagen stehen in Form von Stücklisten zur Verfügung. Für die Teilefertigung bilden die Arbeitsvorgänge im Arbeitsplan in der festgelegten Reihenfolge die Strukturen ab. Die Arbeitsvorgänge mit der zugeordneten Fertigungsart müssen im Arbeitsplan abgegrenzt werden. Daraus ergibt sich eine verdichtete Arbeitsplanstruktur, die keiner der bisher üblichen Arbeitspläne aufweist.

3.2.2 Zuordnung und Fertigungsbereich

Auf der zweiten Detaillierungsstufe des Materialflusses werden Zuordner und Fertigungsbereich näher betrachtet. Wie Bild 14 zeigt, kann man sich das Subsystem Zuordnung aus einzelnen "Kanälen" bestehend vorstellen, die potentiell alle miteinander verbunden sind. Die Objekte (durchnumeriert von i=1, 2, 3,...), die Rohmaterial, Eigenfertigungsteile, Aggregate usw. sein können, werden durch eine Art "Schalter" ihrem Verwendungszweck zugeordnet. In jedem Kanal erfolgt eine Kontingentierung der Mengen, die z.B. vom Objekt selbst für die weitere Verwendung, von der Transportart und -menge abhängig sein kann. Da die Struktur des Materialflusses von dieser Kontingentierung unbeeinflußt bleibt, wird hier nicht näher darauf eingegangen. Das Subsystem leistet die geforderte Zuordnung von z.B. Eigenfertigungsteilen in einen abgegrenzten Bereich (Kontrollgruppe) des nachgeschalteten Bereiches.

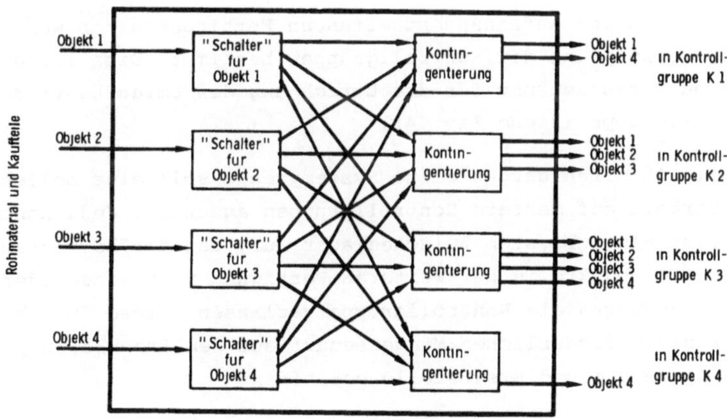

Bild 14: Struktur des Subsystems: Zuordnung

Das im Bild 15 skizzierte Subsystem eines Fertigungsbereiches (als Verallgemeinerung aller drei Fertigungsbereiche) zeigt die Aufteilung in Fertigungsstelle und Zwischenlager. Beide sind zu einer Kontrollgruppe zusammengefaßt. Die Kontrollgruppe und damit auch die Fertigungsstelle ist spezifiziert nach der Fertigungsart der diskontinuierlichen oder kontinuierlichen Fertigung.

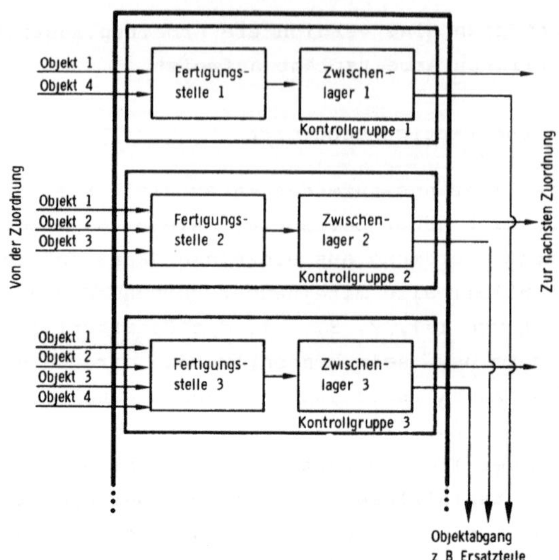

Bild 15: Struktur des Subsystems: Fertigungsbereich

Die unterschiedlich aufeinandertreffenden Fertigungsarten werden dann durch die Verknüpfung der Kontrollgruppen bestimmt. Dies ist eine wesentliche Voraussetzung für die Berechnung des Umlaufbestandes in der Kontrollgruppe (siehe Kap. 4).

Die im Bild 15 offen dargestellte Systemgrenze soll eine beliebige Erweiterbarkeit auf mehrere Kontrollgruppen andeuten. Jede Kontrollgruppe weist ein Subsystem Zwischenlager auf, das darüber entscheidet, ob gefertigte Objekte in der weiteren Fertigung verbleiben oder für andere Verwendungen die Kontrollgruppe verlassen. Diese Entscheidung wird über den erforderlichen Mengenbedarf aus dem Produktionsprogramm z.B. für Aggregate und Ersatzteile getroffen.

Bei Kaufteilen, die erst später in den Fertigungsablauf einfließen, geschieht die Zuordnung zu ihrer ersten Kontrollgruppe durch den ersten Zuordner. Sie durchlaufen dann eine Kontrollgruppe, die nur ein Zwischenlager enthält.

3.2.3 Fertigungsstelle und Zwischenlager: Die Kontrollgruppe

Auf der dritten Detaillierungsstufe soll der Fertigungsbereich weiter aufgeschlüsselt werden. Die im Bild 16 dargestellte Struktur soll sowohl für die Fertigungsarten als auch für eine Fertigungsstelle im Teilefertigungs- und Montagebereich gültig sein.

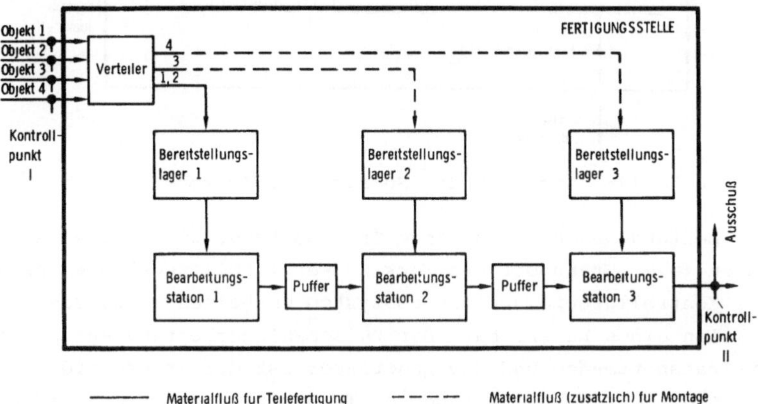

Bild 16: Struktur des Subsystems: Fertigungsstelle

Der Verteiler hat die Funktion, ankommende Rohteile, Eigenfertigungsteile oder Aggregate in Bereitstellungsläger (Disposition nach Transport- und Behälterkapazitäten) zu sortieren. Der Ablauf für ein Objekt i von Bereitstellungslager 1 über Bearbeitungsstation 1 zu Bearbeitungsstation 2 usw. entspricht dem Ablauf aus dem Arbeitsplan für das Objekt innerhalb der abgegrenzten Kontrollgruppe. Die Mengenbewegungen für die Objekte können an den Kontrollpunkten h = I, II gemessen werden. In den Bereitstellungslägern und Bearbeitungsstationen sind Umlaufbestände lokalisiert. Zwischen den Bearbeitungsstationen können Puffer für Objektmengen vorgesehen sein, die ebenfalls den Umlaufbestand beeinflussen. Diese Umlaufanteile werden in Kap. 4.3 näher untersucht.

Das Subsystem Zwischenlager (Bild 17) beinhaltet die Subsysteme Verteiler, Lager und Kontingentierung. Zur Veranschaulichung sind wieder mögliche Kontrollpunkte für die Erfassung von Bewegungsdaten der Objekte eingezeichnet. Das Subsystem Verteiler wählt die Alternativen: Lagerung, direkte Weitergabe zur nächsten Kontrollgruppe und die Abgabe an eine externe Stelle aus. Die Entscheidung wird auf Grund von Angaben über den erforderlichen jeweiligen Mengenbedarf auf den Objektstufen getroffen.

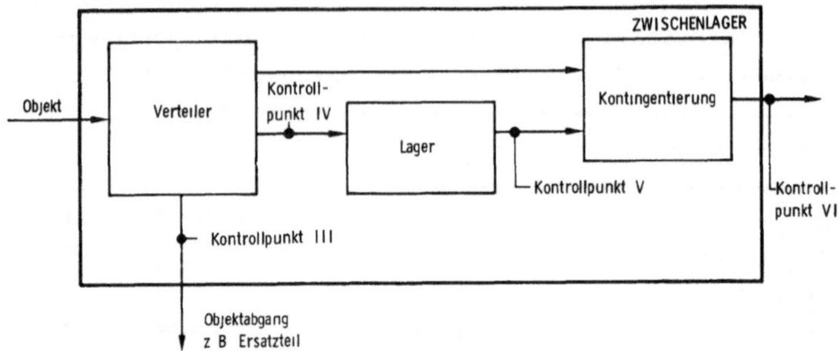

Bild 17: Struktur des Subsystems: Zwischenlager

Da Umlaufbestände auch durch lange Transportwege und -zeiten entstehen können (z.B. Transport von Werk zu Werk) soll zugelassen sein, daß eine Kontrollgruppe nur ein Subsystem enthalten kann, das dann die Funktion eines Lagers hat. Der Zwischenlagerbestand entspricht nun der Transportmenge und die Lagerdauer ist der Transportdauer äquivalent, so daß der Umlaufbestand von Transportstrecken mitberücksichtigt werden kann.

3.2.4 Anwendung der Modellvorstellung

Auf der dritten Detaillierungsstufe wurden im vorangegangenen Kapitel die Kontrollpunkte zur Datenerfassung der Mengenbewegungen erwähnt. Die bis hierher skizzierte Modellvorstellung soll dazu dienen, den Bearbeitungszustand, den ein die Kontrollgruppe durchlaufendes Objekt haben kann, näher zu erläutern. Am Kontrollpunkt wird für ein Objekt mit einer Identifikationsnummer die Zu- und Abgangsmenge erfaßt. Somit kann eine Mengenrechnung für jeden Bearbeitungszustand zwischen den Kontrollpunkten durchgeführt werden. Die Zuordnung der Kontrollpunkte zur Bewegungsart der Objekte erfolgt in Tabelle 1.

Kontroll-punkt	Bewegungsarten der Objekte
I	Zugang Fertigungsstelle = Zugang Kontrollgruppe
II	Abgang Fertigungsstelle (verwendbare Objekte, Ausschuß)
III	sonstige Abgange (Ersatzteile, u s w)
IV	Zugang Zwischenlager
V	Abgang Zwischenlager
VI	Abgang Kontrollgruppe

Tabelle 1: Zuordnung von Kontrollpunkt und Bewegungsart

Bild 18 zeigt die Kontrollpunkte und ihre Anordnung in den Kontrollgruppen in Abhängigkeit vom Fertigungsablauf. Jede Kontrollgruppe definiert den Bearbeitungszustand der sie durchlaufenden Objekte. Die Menge der gleichartigen Objekte im Bearbeitungszustand A muß unter Berücksichtigung dazwischen erfolgter Abgänge und etwaiger Verluste gleich der Menge im Bearbeitungszustand B sein.

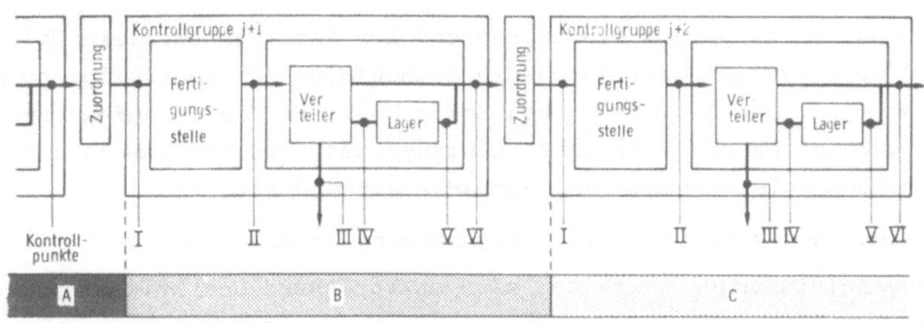

Bild 18: Darstellung der Kontrollpunkte und des Bearbeitungszustandes in der Kontrollgruppe

Bis hierher wurden nur die s t r u k t u r e l l e n Verknüpfungen des Materialflusses betrachtet. Berücksichtigt man im Folgenden nicht die erforderlichen Umlaufbestände bei Störungen oder Taktzeitunterschieden, so ist aus Bild 19 zu erkennen, daß das Zwischenlager die

	Kontrollgruppe j	Kontrollgruppe j + 1	Qualitativer Verlauf des Umlaufbestandes in Kontrollgruppe j
Kombinationsfolge der Fertigungsarten	kontinuierlich	diskontinuierlich	
	kontinuierlich	kontinuierlich	
	diskontinuierlich	diskontinuierlich	
	diskontinuierlich	kontinuierlich	

Bild 19: Kombinationen von zwei aufeinanderfolgenden Fertigungsarten

Unterschiede zwischen den Kontrollgruppen mit unterschiedlicher Fertigungsart von diskontinuierlicher und kontinuierlicher Fertigung ausgleichen muß. Zwei aufeinanderfolgende Kontrollgruppen können gleiche oder verschiedene Fertigungsarten aufweisen. Bild 19 zeigt schematisch den zeitlichen Verlauf des Umlaufbestands in der erstbetrachteten Kontrollgruppe.

In den Kontrollgruppen ist entsprechend der Fertigungsart ein Umlaufbestand erforderlich, der durch die Reihenfolge der Kontrollgruppen bestimmt wird. Die Berechnung von Sollgrößen für den Umlaufbestand ist Aufgabe eines erweiterten Planungssystems. Die Bestimmung geht von der Mengengleichung in der Bestandsrechnung aus:

Bestand neu = Bestand alt + Zugangsmenge - Abgangsmenge. (3)

Die Mengengleichungen gestalten sich entsprechend den Kriterien, welche Kontrollgruppen in den Bearbeitungsfolgen aufeinandertreffen und nehmen deshalb unterschiedliche Formen an. Im Kap. 4 werden diese Mengengleichungen genauer untersucht.

3.3 DAS SYSTEM ZUR PLANUNG UND STEUERUNG DES UMLAUFBESTANDES

Bei der Planung und Steuerung des Umlaufbestandes interessiert nur die eigentliche Fertigung und damit das System der Produktionsplanung und -steuerung. Das Realsystem "Fertigungsbereich" wird daher zweckmäßigerweise von Einkaufslager und Fertigerzeugnislager getrennt, ebenso wie das Planungssystem von den übrigen planenden Systemen getrennt wird. Das Realsystem "Fertigungsbereich" ist Gegenstand des Planungssystems und gibt im Sinne einer "black box" die Ist-Daten an das Planungssystem ab und empfängt Soll-Daten in Form von Plänen und Anweisungen. Das Realsystem braucht daher zur Betrachtung der Informationsflüsse nicht näher aufgeschlüsselt zu werden. Ebenso werden im Sinne dieser Abgrenzung nicht alle üblichen Komponenten eines Systems der "Produktionsplanung und -steuerung" miterfaßt, sondern nur diejenigen, die für die Fragestellung nach der Umlaufplanung und -steuerung von Bedeutung sind.

Bei erster Betrachtung wird der Fertigungsbereich mit dem Planungssystem in Verbindung gesetzt. Die eingezeichneten Informationsflüsse im Bild 20 entsprechen einer ersten inhaltlichen Grobklassifizierung. Dabei werden Informationen an andere Teilbereiche, Soll-Daten an angrenzende Teilplanungssysteme, Kontrolldaten als Managementinformationen und das Vertriebsprogramm nicht näher betrachtet, da sie im Rahmen der Fragestellung nicht von Interesse sind.

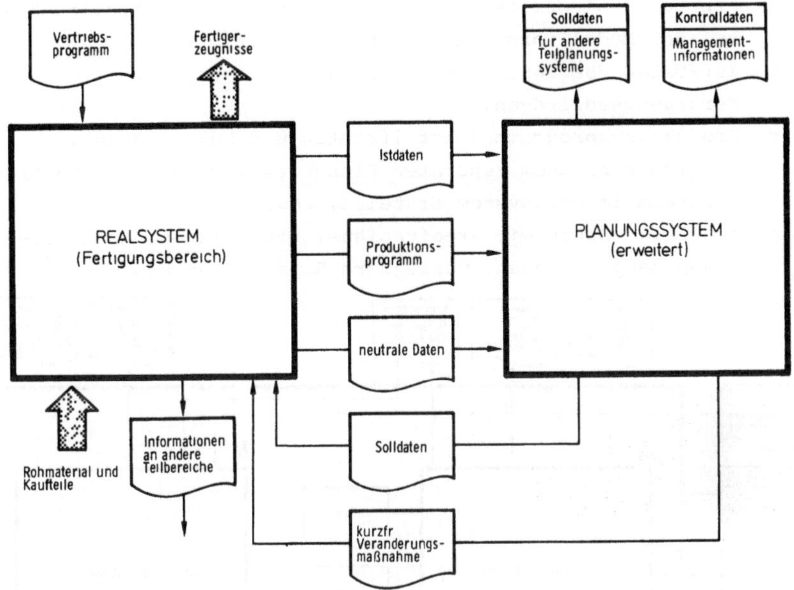

Bild 20: Informationsflüsse zwischen Real- und Planungssystem

Bild 21 zeigt die erste Detaillierungsstufe des Planungssystems - die Umlaufplanung und Umlaufsteuerung. Die Umlaufplanung enthält die bekannten Komponenten von Produktionsplanungssystemen - die Bestands- und Bedarfsrechnung, Auftragsterminierung und Kapazitätsbelegung und die erforderlichen Dateien /45/. Eine für die Mitberücksichtigung des Umlaufbestandes erweiterte Planungsrechnung wird auf der nächsten Detaillierungsstufe deutlich.

Der tatsächliche Materialfluß im Realsystem wird beeinflußt durch die Solldaten, die als Ergebnis der Mengen- und Terminplanung zur Verfügung stehen. Dies sind im wesentlichen Fertigungsaufträge und Einsatzpläne für Betriebsmittel und Personal. Im Bild 21 sind auch Soll-Daten zum Umlaufbestand in der Kontrollgruppe enthalten. Eine weitere Beeinflussung des Materialflusses wird durch die von der Umlaufsteuerung kommenden Steuergrößen erreicht.

Das Realsystem liefert die folgenden Informationen an die beiden Subsysteme A und B:

- o Ist-Daten über Störungen im Fertigungsablauf,
- o Ist-Daten der Mengenbewegungen aus den einzelnen Kontrollgruppen (entsprechend der Definitionen der Kontrollpunkte bei der Modellvorstellung des Materialflusses),
- o Ist-Daten der Teilmengen- und Fertigmeldungen von Fertigungsaufträgen,
- o Produktionsprogramm (mittelfristig und kurzfristig); es wird von einem separaten Planungssystem aus dem Vertriebsprogramm im Realsystem erstellt, sowie
- o neutrale Daten wie Arbeitspläne, Stücklisten, Kontrollgruppenabgrenzungen, verfügbare Kapazitäten usw.

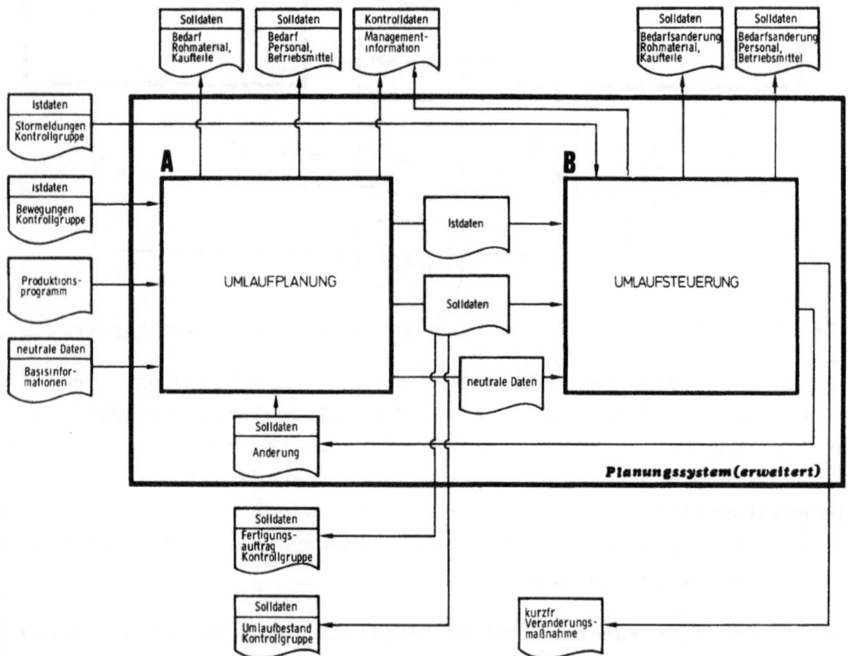

Bild 21: Das System zur Umlaufplanung und -steuerung

Die Umlaufplanung erstellt Fertigungsaufträge und legt Soll-Umlaufbestände für die Objekte in den Kontrollgruppen fest. Mit Hilfe der Umlaufsteuerung können darüberhinaus direkte Eingriffe ins Realsystem vorgenommen werden. Weiterhin kann die Umlaufsteuerung bei Abweichungen eine Änderung des Planes veranlassen. Dies geschieht auf Grund einer Lokalisation der Ursache zur Abweichung im geplanten Materialfluß. Die Umlaufsteuerung kann auch Beeinflussungen außerhalb des Systems veranlassen, z.B. kurzfristige Veränderungen im Personalbestand oder Hinweise an das Beschaffungswesen.

3.3.1 Die Umlaufplanung

3.3.1.1 Vorbemerkung

Unter Planungssystem sei hier ein EDV-unterstütztes Planungssystem für den Fertigungsablauf verstanden. Es soll an dieser Stelle auf die in der Literatur erläuterten /49, 30, 50, 51/ und die in der Praxis erarbeiteten Modelle /52, 53, 54, 55/ der Produktionsplanung nicht näher eingegangen werden. Wichtig für das System der Umlaufplanung und -steuerung sind an dieser Stelle die Modifikationen von Bausteinen der bekannten Planungssysteme, welche die Einbeziehung der Besonderheiten der Serienfertigung ermöglichen sollen, d.h. sie sollen den erforderlichen Umlaufbestand und einen sich periodisch wiederholenden Produktionsablauf berücksichtigen.

Im Produktionsplanungssystem sollen die Stufen in der Mengen- und Terminplanung /11/ weiter detailliert werden. Die Mengenplanung läßt sich ihrerseits in die Subsysteme Bestands- und Bedarfsrechnung, die Terminplanung in die Auftragsterminierung und in die Kapazitätsbelegung gliedern. Basis der Mengen- und Terminplanung sind vor jedem Planungslauf aktualisierte Dateien. Im Bild 22 sind die Informationsflüsse innerhalb der Umlaufplanung auf der zweiten Detaillierungsstufe aufgezeigt. Mit dem Produktionsprogramm und den auftragsneutralen Daten (Stückliste) wird der Bruttobedarf von zu disponierenden Objekten unter Berücksichtigung der Vorlaufzeit /45/ im Subsystem AD ermittelt. Auf der Dispositionsstufe wird mit dem verfügbaren Bestand aus dem Subsystem AC der Nettobedarf für das Objekt als Grundlage für die Fertigungsauftragsbildung berechnet. Die Fertigungsaufträge erhalten in der Auftragsterminierung (Subsystem AE) und Kapazitätsbelegung (Subsystem AF) ihre Fertigungstermine. Nicht gefertigte oder geänderte Mengen aus der aktuellen Fertigungsauftragsdatei (Subsystem AH) werden bei der Bedarfsrechnung berücksichtigt. Der aktuelle Bestand für die Nettobedarfsrechnung wird aus den Ist-Daten der Bewegungen in den Kontrollgruppen errechnet (Subsystem AC).

Die Dateien verwalten die Basisinformationen, die jeweils aktuellen Ergebnisse der Bestandsrechnung über Objekt und Kontrollgruppe. Aus der Bestandsdatei und der Fertigungsauftragsdatei werden über Auswertungen Kontrolldaten als Managementinformationen verdichtet. Es werden die Soll-Daten entsprechend ihrer Verwendung sortiert, selektiert und verdichtet. Mögliche Planänderungen aus dem Umlaufsteuerungssystem werden in den betroffenen Fertigungsaufträgen übernommen.

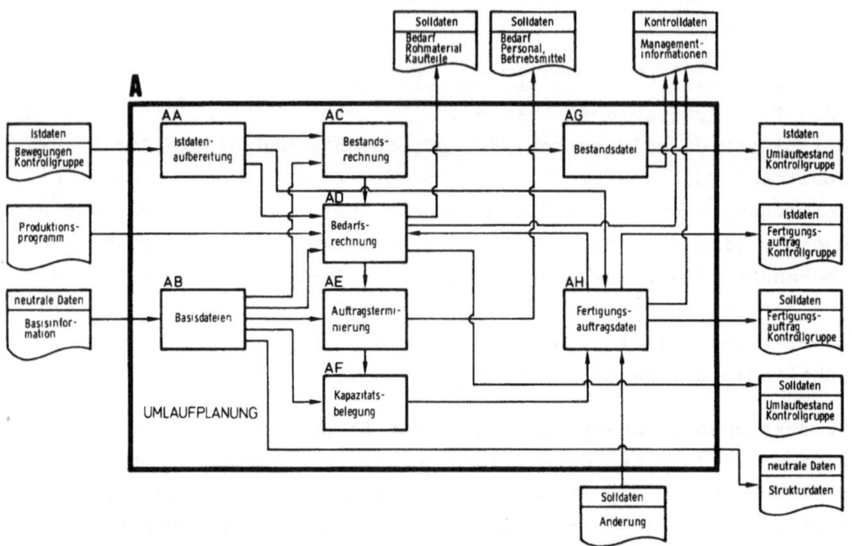

Bild 22: Struktur des Subsystems: Umlaufplanung

Die im folgenden durchgeführte dritte Detaillierung des Subsystems Umlaufplanung stellt die Komponenten Bestandsrechnung (Subsystem AC), Bedarfsrechnung (Subsystem AD), Auftragsterminierung (Subsystem AE) und Kapazitätsbelegung (Subsystem AF) ausführlicher dar. Auf dieser Stufe werden die Erweiterungen an den bekannten Planungsmethodiken am besten sichtbar.

3.3.1.2 Die Bestandsrechnung

Eine Voraussetzung für eine exakte Mengenplanung ist die genaue Kenntnis, aktuelle Fortschreibung und ständige Überwachung der Umlaufbestände. Aufgabe der Bestandsrechnung ist es, die Bewegungen (Zu- und Abgänge gemessen an den Kontrollpunkten) in den Fertigungsstellen und den Zwischenlägern in der Bestandsdatei zu verbuchen. Der Bestandsrechnung werden die geprüften Bewegungsdaten aus dem Subsystem AA (Ist-Daten-Aufbereitung) übermittelt. Die Daten der Bestandsrechnung gehen dann zur Bedarfsrechnung (Subsystem AD).

Bei den seither bekannten Verfahren der Bestandsrechnung werden nur Bestände je Erzeugnisstufe geführt /56/ (siehe auch Bild 7 in Kap. 2.1). Zur Umlaufplanung und -kontrolle sind aber Bestände je Kontrollgruppe erforderlich. Damit sind für Objekte nicht nur mehrere mögliche Lagerorte, sondern auch unterschiedliche Bearbeitungszustände der am Fertigungsablauf beteiligten Kontrollgruppen zu führen.

Bild 23 zeigt das Subsystem AC (Bestandsrechnung) entsprechend der dritten Detaillierungsstufe. Die hier gezeigten Subsysteme AC 1 und AC 2 stehen für bereits bekannte Verfahren, deren Modifikation für die Umlaufplanung im einzelnen in dem Projektbericht /57/ geschildert ist.

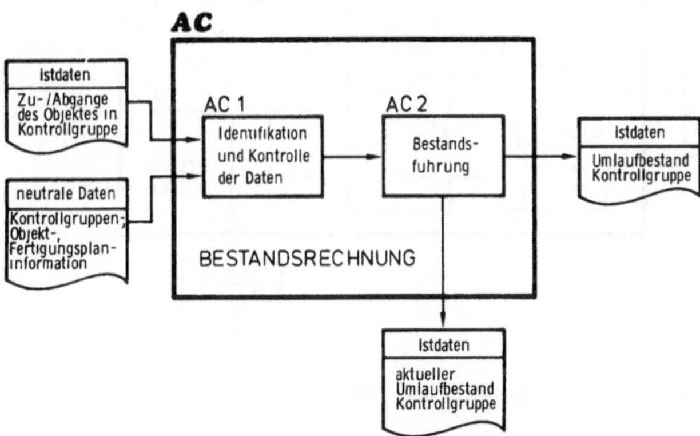

Bild 23: Struktur des Subsystems: Bestandsrechnung

3.3.1.3 Die Bedarfsrechnung

Die Bedarfsrechnung /56, 58/ erfüllt die Aufgabe, den Bedarf an Fertigerzeugnissen, Aggregaten, Eigenfertigungsteilen und Rohmaterial je Planungsperiode zu ermitteln und entsprechende Fertigungsaufträge zu bilden. Im Rahmen der Umlaufplanung und -steuerung sollen C-Teile stochastisch disponiert werden /12/. Für A- und B-Teile wird der Bedarf deterministisch ermittelt. Bestandteile der Bedarfsrechnung sind die Primärbedarfsverwaltung (Subsystem AD 1), die Stücklistenauflösung (Subsystem AD 2), die Vorlaufzeiterrechnung (Subsystem AD 3), die Basisbelegung (Subsystem AD 4) und die Bedarfsermittlung sowie die Verfügbarkeitsrechnung (Subsystem AD 5). Bild 24 zeigt den Zusammenhang zwischen diesen Subsystemen: Auch sie stellen wieder standardisierte Rechenverfahren dar, deren Modifikation unter Berücksichtigung des Umlaufbestandes im Kap. 6.2 erläutert wird.

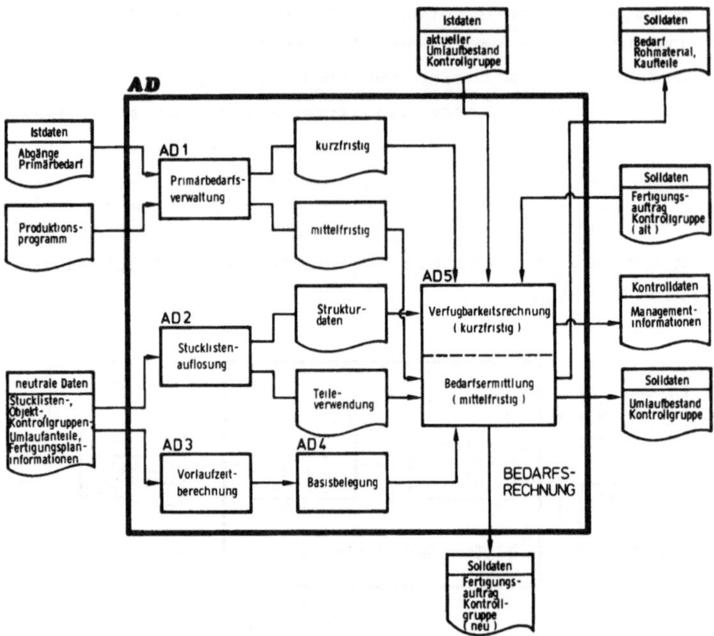

Bild 24: Struktur des Subsystems: Bedarfsrechnung

Die Primärbedarfsverwaltung für das kurzfristige Produktionsprogramm (Einzelfahrzeug) und die strukturierte Stücklistenauflösung liefern die Daten für die Verfügbarkeitsrechnung /56/, die hier als Bestandteil der kurzfristigen Bedarfsrechnung angesehen wird. Mittelfristiger Primärbedarf (Standardtypen) sowie der Teileverwendungsnachweis /12/ aus der Stücklistenauflösung liefern die Daten für die Bedarfsermittlung.

Bei der Bedarfsrechnung (Subsystem AD) sind wie bei der Bestandsrechnung (Subsystem AC) nicht die Erzeugnisstufen, sondern die Stufen der Kontrollgruppen das entscheidende Kriterium zur Fertigungsauftragsbildung. Das bedeutet, daß sich für ein Objekt der Fertigungsablauf (z.B. vom Rohmaterial bis zum montierbaren Teil) aus mehreren Fertigungsaufträgen zusammensetzt und ein Fertigungsauftrag mehrere Arbeitsvorgänge innerhalb einer Kontrollgruppe umfassen kann. Die Stücklistenauflösung hat dabei nur den letzten Bearbeitungs- bzw. Montagezustand je Kontrollgruppe zu berücksichtigen (siehe Kap. 6.3.1).

Die Vorlaufzeit (Subsystem AD 3) für die Arbeitsvorgänge eines Fertigungsauftrages läßt sich einmalig vorab berechnen, da in der Praxis davon ausgegangen werden kann, daß die quantitativen Änderungen des Produktionsprogramms in der Serienfertigung nur einen unwesentlichen Einfluß auf die Vorlaufzeitrechnung haben /59/.

Als vorbereitende Aufgabe für die Bedarfsermittlung werden mit der Basisbelegung (Subsystem AD 4) Fertigungszyklen für die Objekte in den Kontrollgruppen der diskontinuierlichen Fertigung festgelegt (siehe Kap. 6.3.1).

Die Bedarfsermittlung berücksichtigt die beiden unterschiedlichen Fertigungsarten. Bei der diskontinuierlichen Fertigung ist sowohl die Fertigung im festen Zyklus, als auch in festen Losgrößen im Dispositionsverfahren zu berücksichtigen /46/. Die kontinuierliche Fertigung wird als diskontinuierliche Fertigung gesehen, bei der die Bearbeitungszeit dem Planungszyklus entspricht. Zu beachten ist, daß in der Bedarfsermittlung zur Fertigung eines Teiles Fertigungsaufträge für sämtliche beteiligten Kontrollgruppen gebildet werden müssen. Dabei ist nicht notwendig, daß diese Kontrollgruppen im gleichen Zyklus fertigen.

Abweichend von bekannten Verfahren der Bedarfsermittlung /60/ darf der frei verfügbare Bestand nicht vollständig verplant werden. Vielmehr ist der geplante Umlaufbestand zu berechnen und v o r der Nettobedarfsrechnung zu reservieren bzw. die Fertigungsauftragsmenge um die entsprechende Fehlmenge zu korrigieren. Die benötigten Informationen für die Stücklistenauflösung und Vorlaufzeitberechnung werden aus den Basisdateien entnommen.

3.3.1.4 Die Auftragsterminierung

Die Auftragsterminierung hat die Aufgabe, Termine der Fertigungsaufträge aus der Bedarfsrechnung so zu verändern, daß die geplanten Montagetermine gehalten werden können, ohne daß die Termine der Fertigungsaufträge in die Vergangenheit fallen. Gegenüber herkömmlicher Auftragsterminierungsverfahren /61/ können zur Verkürzung der Auftragsdurchlaufzeiten auch vorhandene Lagerbestände in den Kontrollgruppen verwendet und temporär unter den Sollbestand gesenkt werden.

Während das Gesagte zunächst nur für die Teilefertigung gilt, ist für die Montage eine Modifikation des Begriffs "Auftragsterminierung" erforderlich. Da sich bei der kurzfristigen Planung der Montage der Fertigungsauftrag auf ein Einzelfahrzeug mit bestimmter Ausstattung bezieht, wird hier die Auftragsterminierung als eine Reihenfolgeplanung für den Zusammenbau der Aggregate und den Zusammenbau der einzelnen Fahrzeuge verstanden. Zum Problem der Leistungsabstimmung von Montagelinien sei auf die Literatur /62, 63/ verwiesen. Zur Vereinfachung soll der Begriff "Auftragsterminierung" für beide oben genannte Bedeutungen stehen.

Bild 25 zeigt die bei der Auftragsterminierung beteiligten Informationsflüsse auf.

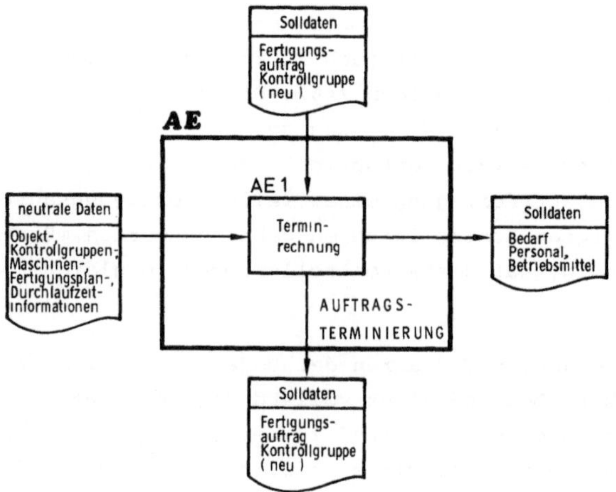

Bild 25: Struktur des Subsystems: Auftragsterminierung

3.3.1.5 Die Kapazitätsbelegung

Die Kapazitätsbelegung hat die Aufgabe, die Termine der Auftragsterminierung so zu verändern, daß das Produktionsprogramm mit den vorhandenen Kapazitäten erfüllt werden kann. Dazu sind Kapazitätsangaben für die Betriebsmittel aus der Datei der neutralen Daten erforderlich, wie aus Bild 26 zu ersehen ist.

Die Kapazitätsbelegung mit einer reinen Vorwärtsbelegung /61, 64/ ist für eine Serienfertigung nicht geeignet, da dadurch eine zu unterschiedliche Kapazitätsbelastung verursacht wird. Implizit setzen diese Programme die Möglichkeit von Kapazitätserweiterungen, z.B. durch Überstunden voraus. Bei der Serienfertigung mit einem weitgehend ausgeglichenen Produktionsprogramm wird man versuchen, auch die Kapazitätsanforderungen ausgeglichen zu gestalten. Dazu eignet sich ein Belegungsverfahren, wie es bereits beschrieben worden ist /27/. Dieses Verfahren muß jedoch wesentlich erweitert werden, da außer den Betriebsmittelkapazitäten auch die Bedienungspersonal- und Rüstpersonalkapazitäten zu berücksichtigen sind (siehe Kap. 6.3.2).

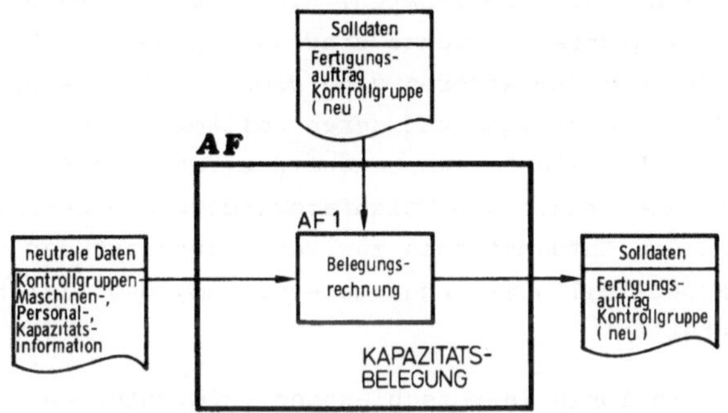

Bild 26: Struktur des Subsystems: Kapazitätsbelegung

Für den Fall der Montage muß eine gesonderte Betrachtung erfolgen. Der Begriff der Kapazitätsbelegung ist bei der Montage im Begriff der Leistungsabstimmung von Montagelinien enthalten, d.h. die Terminierung setzt die Kenntnis der vorhandenen Kapazität an der entsprechenden Montagekontrollgruppe voraus. Daher ist hier die Belegungsrechnung Bestandteil der Terminrechnung. Im Fall der Montage entfällt deshalb das Subsystem Kapazitätsbelegung.

3.3.1.6 Auswertung und Dateien

Die Auswertungen lassen sich nach Informationsklassen in Bestands- und Fertigungsauftragsinformationen gliedern.

Die Bestandsinformationen sind den Objekten zugeordnet und auf das Ende einer Planungsperiode bezogen. Die Fertigungsauftragsinformationen bestehen im wesentlichen aus den Informationen zum Objekt, der Zuordnung zur ausführenden Kontrollgruppe und den Termin- und Mengenangaben. Die Fertigungsauftragsinformationen sind bereits nach der Bedarfsrechnung vorhanden. In der Auftragsterminierung und der Kapazitätsbelegung werden nur die Termine entsprechend der in diesen Funktionsblöcken verwendeten Zielsetzungen verändert. Die Fertigungsauftragsinformationen können sowohl nach Fertigungsauftrags- bzw.

Objektkriterien, als auch nach Kontrollgruppenkriterien sortiert sein. Im zweiten Fall spricht man von Belastungs- bzw. Kapazitätsbelegungsplänen /45/.

Angewendet auf das vorliegende System bedeutet dies eine Aufbereitung der angedeuteten Informationsflüsse, die das System Umlaufplanung verlassen. Dies sind einmal Soll-Daten, die Umlaufbestände beinhalten und nach Kontrollgruppen geordnet sind (sie gehen zur Umlaufsteuerung und zum Realsystem); zum anderen sind dies Fertigungsaufträge, die Termine und Mengen enthalten und deren Sollwerte dem Realsystem mitgeteilt werden. Aktuelle Sollwerte und die Istwerte der laufenden Fertigungsaufträge erhält die Umlaufsteuerung. Die Fertigungsaufträge enthalten auch die Informationen zur Verwendungsart der Objekte: z.B. Anteile für Ersatzteillager, Aggregateversand, usw. (siehe Kap. 3.2.3, Subsystem Verteiler).

Managementinformationen in verschiedenen Verdichtungen, Bedarfsinformationen an die Organisationseinheiten Personal und Beschaffungswesen werden ebenfalls aus den Subsystemen AG (Bestandsdatei) und AH (Fertigungsauftragsdatei) abgeleitet. Die Datei der neutralen Daten enthält implizit die Strukturangaben aus den Stücklisten mit zusätzlicher Kontrollgruppenstruktur und den Arbeitsplänen, wie sie im Materialflußmodell bereits genannt worden sind.

3.3.2 Die Umlaufsteuerung

3.3.2.1 Vorbemerkung

Die Umlaufsteuerung soll die Erfüllung der Fertigungsaufträge in der geplanten Form und beim Auftreten von Störungen das Einleiten geeigneter Maßnahmen sicherstellen. Die Umlaufsteuerung besteht somit im Veranlassen, Überwachen und Sichern der Fertigungsauftragsabwicklung hinsichtlich Termin und Menge /65/.

Unter Veranlassen innerhalb der Umlaufsteuerung soll ein terminorientiertes Auslösen der Fertigungsauftragsdurchführung verstanden werden. Das Veranlassen setzt Informationen aus dem Planungssystem über den aktuellen Soll-Zustand und aus dem Realsystem über den aktuellen Ist-Zustand voraus. Das Veranlassen kann fallweise zu jedem beliebigen Zeitpunkt erforderlich werden. Damit müßte der aktuelle Ist-Zustand des Realsystems kontinuierlich fortschreitend bekannt sein.

Das Planungs- und Steuerungssystem liefert aber nur Ergebnisse zu diskreten Zeitpunkten. Damit erfolgt das Veranlassen auf einer hierarchisch untergeordneten Planungsebene /66/ und ist nicht Teil des Planungs- und Steuerungssystems (zwischenzeitliche Planung durch Improvisation /8/). Das Veranlassen ist vielmehr der dispositive Anteil der Führungstätigkeit.

Das Überwachen besteht in erster Linie im Feststellen der Fertigungsauftragserfüllung bzw. der Abweichungen der Ist- von den Soll-Daten /65/. Darüberhinaus ist die Durchführbarkeit der Planung abzuprüfen. Die geplanten Abläufe können z.B. durch zu hohe Material- und Kapazitätsanforderungen undurchführbar werden. Es ist z.B. eine Kapazitätsüberschreitung - anders als in Planungssystemen für die Einzelfertigung, bei denen Termine verschoben werden /61/ - durch die starre Produktionsprogrammvorgabe nicht auszuschließen. Da die Überwachung im selben Zyklus wie die Planung stattfindet, soll sie als Bestandteil des Umlaufplanungs- und Steuerungssystemes betrachtet werden. Das Subsystem für das Überwachen ist der Soll/Ist- und der Soll/Soll-Vergleich (Subsystem BA) im Bild 27 dargestellt.

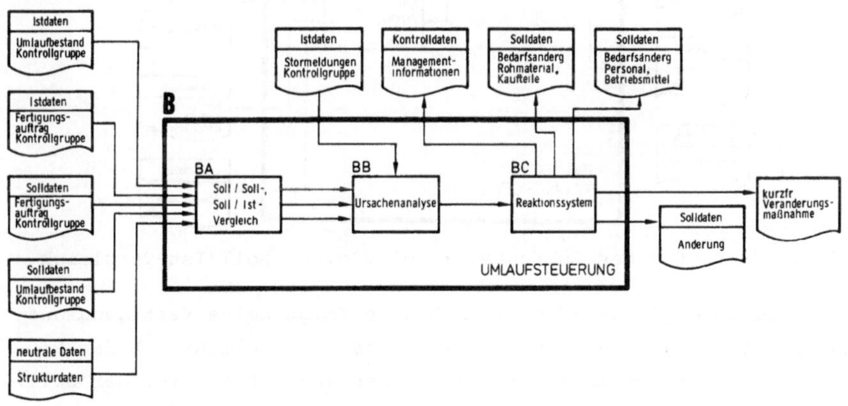

Bild 27: Struktur des Subsystems: Umlaufsteuerung

Das Sichern besteht in Maßnahmen zum Vermeiden oder Vermindern der Abweichungen der Ist- von den Soll-Daten bzw. der Soll-Daten von den vorgegebenen Schranken. In diesem Zusammenhang sind nur die Funktionen relevant, die zeitlich zusammen mit dem Überwachen ablaufen. Zur besseren Darstellung der Aufgaben wird das Sichern in die Ursachenanalyse

(Subsystem BB) und in das Reaktionssystem (Subsystem BC) gegliedert.

3.3.2.2 Der Soll/Soll- und Soll/Ist-Vergleich

Bild 28 zeigt die Subsysteme und Informationsflüsse. Der Soll/Soll-Vergleich erfolgt je Kontrollgruppe und Planungszyklus. Er stellt damit eine spezielle Auswertung der Planungsergebnisse in Verbindung mit fest vorgegebenen Schranken dar. Erst nach einem positiven Ergebnis des Soll/Soll-Vergleiches kann die Auswertung für die Ausführung des Fertigungsablaufs erfolgen.

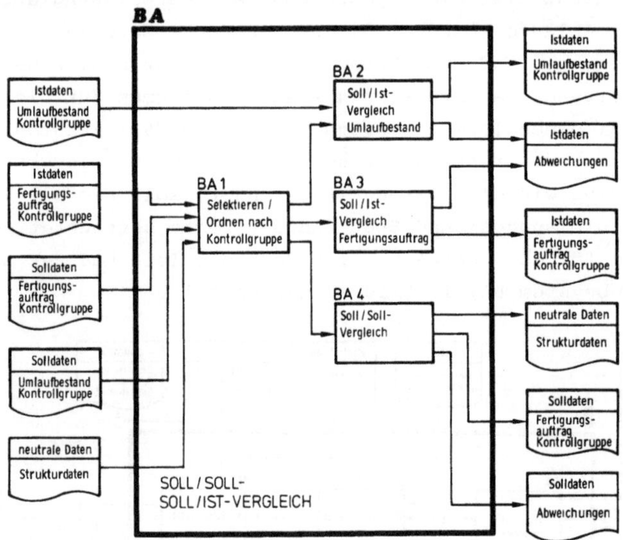

Bild 28: Struktur des Subsystems: Soll/Soll-, Soll/Ist-Vergleich

Im Soll/Soll-Vergleich (Subsystem BA4) erfolgt keine fertigungsauftragsspezifische Betrachtung. Es interessiert vielmehr, ob das Produktionsprogramm kumulativ erfüllt werden kann. Damit ist der Soll/Soll-Vergleich eine periodenbezogene Betrachtung, bei der entweder der gesamte Planungszyklus oder eine kleinere Zeiteinheit als Betrachtungsintervall verwendet wird.

Der Soll/Ist-Vergleich ist kontrollgruppen- und fertigungsauftragsbezogen je Planungszyklus durchzuführen. Die Darstellung der Umlaufbestände erfolgt kontrollgruppenbezogen zum Stichtag der Istdatenerfassung. Dabei ist nur der Soll- und Ist-Umlaufbestand eines Objektes in einer Kontrollgruppe unabhängig vom Stand der Fertigungsauftragsbearbeitung ausschlaggebend. Der Planbestand zu diesem Stichtag wird aus den Daten der Bedarfsrechnung entnommen. Die Kontrolle des Fertigungsablaufs muß dagegen fertigungsauftragsorientiert erfolgen, da hier die Erfüllung einzelner Fertigungsauträge hinsichtlich Termin und Menge im Vordergrund steht. Es werden also von allen Fertigungsaufträgen, die im letzten Planungszyklus begonnen und/oder geendet haben, die Ist- den Solldaten gegenübergestellt. Da die Fertigungsaufträge terminierte und mit Mengen versehene Arbeitspläne darstellen, können aus ihnen auch die Verknüpfungen zwischen den Kontrollgruppen entsprechend der Forderungen im Materialflußsystem ersehen werden. Dies bedingt allerdings, daß die Daten aus den Fertigungsaufträgen bereits nach Kontrollgruppen geordnet worden sind.

Die Strukturdaten gehen getrennt an die Ursachenanalyse, während die nach Kontrollgruppen geordneten Daten aus den Fertigungsaufträgen zusammen mit den ebenfalls geordneten Umlaufbestandsdaten im Soll/Ist-Vergleich die Abweichungen ergeben. Diese Abweichungen sind indiziert nach Objekt, Kontrollgruppe und Fertigungsauftrag und veranlassen bei Überschreitung einer von der Planung festgesetzten Toleranzgrenze die Ursachenanalyse. Die Kontrollgruppe, in der Abweichungen auftreten, muß nicht der Ort der Verursachung, z.B. von Fehl- oder Überbeständen, sein. Um hier eine rechnerische "Rückverfolgung" zu ermöglichen, müssen alle Istdaten ebenfalls an die Ursachenanalyse weitergegeben werden.

3.3.2.3 Die Ursachenanalyse

Bild 29 zeigt die Komponenten und Informationsflüsse dieses Subsystems. Zur Analyse der Soll/Soll-Abweichungen werden die Fertigungsaufträge, die eine Terminverzögerung, eine Kapazitätsüberlastung usw. verursachen, in ihren strukturellen Abhängigkeiten aufgezeigt. Zur Analyse der Soll/Ist-Abweichungen gehen die Daten über die Abweichungen sowie die strukturierten Soll- und Istdaten in die Mengengleichung der jeweils betroffenen Kontrollgruppe ein.

Aus den Mengengleichungen und den Fertigungsauftragsinformationen kann man durch Rückverfolgung der Abweichungen zusammen mit den Verknüpfungen zwischen den Fertigungsaufträgen auf die verursachenden Kontrollgruppen schließen. Die Lokalisation der Ursache, die auch

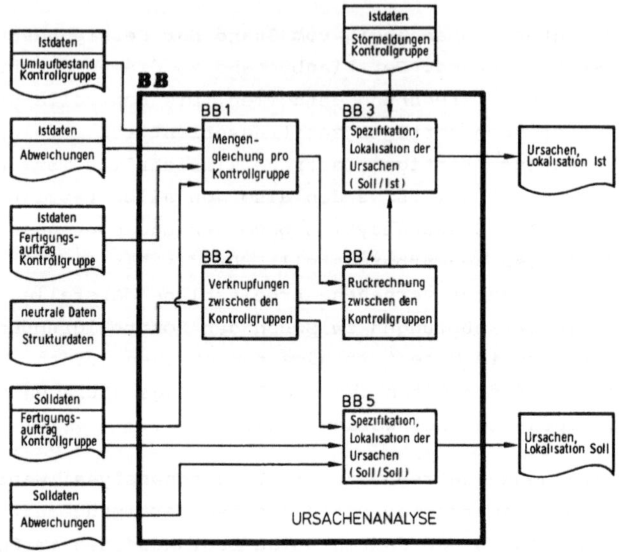

Bild 29: Struktur des Subsystems: Ursachenanalyse

Störmeldungen, wie Maschinenausfall und dergleichen berücksichtigt, wird an das Reaktionssystem weitergegeben. Gleichzeitig dienen Abweichungen und Ursachenlokalisation der näheren Ursachenspezifikation. Unterscheidungen wie personelle Ursachen, maschinen- und materialbezogene oder planungsbezogene Ursachen /67/ werden bei der Diskussion des Reaktionssystems deutlicher. Die Störmeldungen, die vom Realsystem kommen, lokalisieren bereits maschinenbezogene und/oder personenbezogene Ursachen. Die Ursachenspezifikation geht ebenfalls nach Kontrollgruppen und Fertigungsaufträgen geordnet an das Reaktionssystem.

3.3.2.4 Das Reaktionssystem

Die Daten, die an das Reaktionssystem übermittelt werden, enthalten Angaben über die näheren Umstände von Über- oder Fehlbeständen des Umlaufes:

Wo?	Fertigungsbereich
	Kontrollgruppe
	Kontrollpunkte
Was?	Objekt
	Bearbeitungszustand
	Fertigungsauftrag

Wann? Planungszyklus
Termine
Wie? Soll/Ist-Abweichung
Warum? Störmeldung
Verursacher

Die Angabe, welche Ursache wo auftritt und welche Folgen sie hat, ergibt die Möglichkeit, zielgerichtet in das Realsystem mit Veränderungsmaßnahmen einzugreifen. Das Eingreifen beschränkt sich auf den Zeitraum, der innerhalb eines Planungszyklus liegt und der endet, wenn eine Neuplanung erfolgt. Die Veränderungsmaßnahmen zum Zeitpunkt der Neuplanung werden sich schwerpunktmäßig auf die Vorgabe aktueller Plandaten konzentrieren. Darüberhinaus sind auch andere Reaktionen denkbar.

Unter Reaktionen sollen alle Entscheidungsvorbereitungen und Entscheidungen verstanden werden, die auf Grund zu großer Soll/Ist-Abweichungen oder Soll/Soll-Abweichungen, die keine befriedigende Plandurchführung erwarten lassen, ausgelöst werden. Dabei sind unternehmenspolitische, technische, organisatorische und planerische Aspekte von Bedeutung. Derartige Reaktionen können sein:

- Formulierung von Planungsaufgaben und Auslösen einer bestimmten Planungstätigkeit (z.B. Überprüfen der Planwerte, Planänderung usw.),
- Veränderung der wirtschaftlichen Zielsetzung (z.B. Erhöhung der Umlaufbestände usw.),
- Eingriff in den Produktionsprozeß (z.B. Veränderung des Fertigungsablaufes, Neuzuteilung von Kapazitäten, Einsatz anderer Verfahren usw.),
- Führungsmaßnahmen (z.B. Verbesserung der Information, Änderung der Organisation, Beseitigung von Problemen durch Besprechungen usw.).

Bild 30 zeigt die Informationen, die vom Reaktionssystem direkt bereitgestellt werden können. Dabei wird entsprechend der Fallunterscheidung in personelle Ursachen, material-/mengenmäßige Ursachen und betriebsmittelbedingte Ursachen unterschieden.

Die Steuerung der Personalkapazität erzeugt Anweisungen wie Sonderschichten, Versetzungen, Umgruppierungen und dergleichen. Bedarfsanforderungen, wie Aufforderungen zu Personalstandsänderungen, sind als

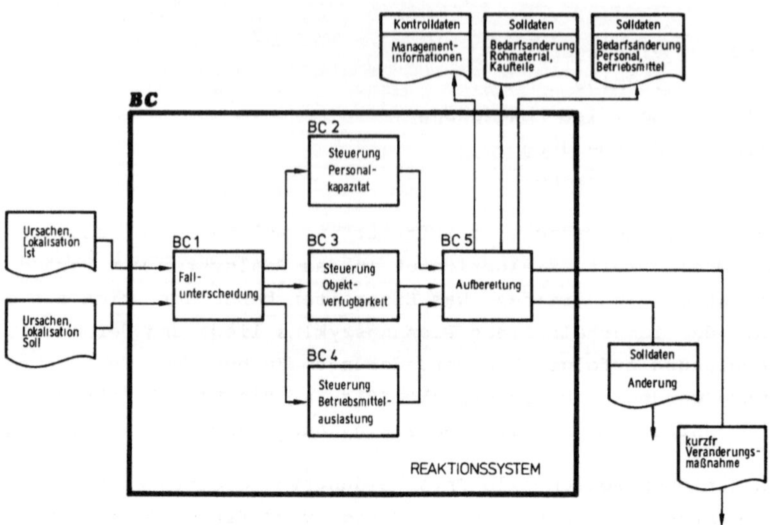

Bild 30: Struktur des Subsystems: Reaktionssystem

längerfristige Direktiven anzusehen, die an Abteilungen außerhalb des Fertigungsbereichs gerichtet sind (z.B. Personalabteilung). Die Steuerung der Objektverfügbarkeit erzeugt Anweisungen wie Mengenänderungen und Sonderfertigungen (z.B. bei zu hohem Ausschuß). Auch hier gibt es Direktiven an Abteilungen außerhalb des Fertigungsbereiches, wie Korrektur der Bestellungen oder Dispositionsänderungen an den Einkauf /68/. Die Steuerung der Betriebsmittelauslastung erzeugt Anweisungen zu Sonder- oder Feierschichten, sowie für Gemeinkostenschichten (Reparatur, Wartung).

3.3.3 Gesamtdarstellung

Zur besseren Übersicht ist das System zur Planung und Steuerung des Umlaufbestandes zusammenfassend in Bild 31 (siehe Faltblatt im Anhang) dargestellt. Der hierarchische Aufbau des Systems ist klar erkennbar. Die Analyse der Struktur ergibt, daß die Trennung in die Subsysteme der Umlaufplanung und Umlaufsteuerung nicht nur von der Begriffsbildung her gerechtfertigt ist, sondern auch die Topologie des Systems, das man als gerichteten Graphen auffassen kann, diese Grenzziehung zuläßt /69/. Die Analyse ist im Arbeitsbericht /38/ durchgeführt. Wie aus Bild 31 hervorgeht, sind die Subsysteme einfach aufgebaut. Die Elemente können, wie in Kap. 3.1 angedeutet, durch Übergangsfunktionen charakterisiert werden.

Im folgenden Kap. 4 werden insbesondere die Übergangsfunktionen der Bestandsrechnung und der Bedarfsrechnung näher erörtert. Die Outputmenge dieser Subsysteme besteht dann aus den Angaben über die Planungsgrößen für den Umlaufbestand. Die gesuchten Überführungsfunktionen stellen die Rechenvorschriften zur Ermittlung der Planungsgrößen dar.

4 DIE PLANUNGSGRÖSSEN DES SYSTEMS ZUR UMLAUFPLANUNG UND -STEUERUNG

4.1 VORBEMERKUNG

In diesem Kapitel werden unter Berücksichtigung der verschiedenen Fertigungsarten die Planungsgrößen, die das System zur Umlaufplanung und -steuerung erzeugen soll, näher erörtert.

4.2 FESTLEGUNG VON PLANUNGSGEGENSTAND, PLANUNGSBASIS UND PLANUNGSHORIZONT

4.2.1 Der Planungsgegenstand: Das Kontrollobjekt

Als Kontrollobjekt soll ein materiell bearbeitbarer Gegenstand definiert werden /5/, der in einem festgelegten Bearbeitungszustand mengenmäßig erfaßt werden kann. Damit können solche Kontrollobjekte sein:

- Rohteile (z.B. Motorblock, Getriebegehäuse),
- Eigenfertigungsteile (z.B. Kurbelwelle, Schwungrad in einem Bearbeitungszustand),
- Kaufteile (z.B. Zündverteiler, Vergaser),
- Zusammenbauten aus der Vorfertigung (z.B. Karosseriegruppen, Zylinderköpfe),
- Aggregate (z.B. Motor, Getriebe),
- Fahrzeuge.

Diese Kontrollobjekte stellen die Bestandteile des Materialflusses dar, wie er in der Modellvorstellung skizziert wurde. Die Größen, die der Planung unterliegen oder sie beeinflussen, sind Mengenangaben über diese Objekte, wie

- aktuelle Bestände [Stück] ,
- produktionsprogrammabhängiger Bedarf [Stück] ,
- zu fertigende Auftragsmengen [Stück] .

In Abhängigkeit des Fertigungsablaufs muß zum Objekt mit den aktuellen Beständen und dem produktionsprogrammabhängigen Bedarf eine zu fertigende Auftragsmenge für einen festgelegten Bearbeitungszustand errechnet werden können.

4.2.2 Die Planungsbasis: Die Kontrollgruppe

Die geforderte Errechnung der Auftragsmenge für ein Objekt kann nur für einen abgegrenzten Bereich erfolgen. Voraussetzung ist die an den in Bild 18 eingezeichneten Kontrollpunkten durchzuführende Erfassung des aktuellen Bestandes. Die Abgrenzung geschieht entsprechend der letzten Detaillierungsstufe der Modellvorstellung des Materialflusses: Die Bearbeitungsstationen der Fertigungsstelle bilden eine Gruppe mit

- o fertigenden Aufgaben oder mit
- o montierenden Aufgaben,

die sich jeweils nach Fertigungsarten unterscheiden lassen.

Der Zustand des Objektes nach der Bearbeitung in einer Kontrollgruppe ist im Arbeitsplan festgelegt und nur in diesem Zustand kann eine folgende Kontrollgruppe das Objekt weiter verwenden. Für eine Nettobedarfsrechnung in der Kontrollgruppe ist somit der Zwischenlagerbestand des Objektes in diesem Zustand zu berücksichtigen. Es ist deshalb, wie in der Modellvorstellung vom Materialfluß gezeigt, dieser Zwischenlagerbestand dem Kontrollgruppenbestand zugeordnet. Der Objektbestand in einer Kontrollgruppe B_{ij} (i = Index der Objekte, j = Index der Kontrollgruppe) umfaßt damit den Bestand in der Fertigungsstelle u n d im Zwischenlager.

Die Kontrollgruppe muß kein räumlich zusammenhängender Ort sein, da sich die Zwischenläger meist nicht bei den zugehörigen Fertigungsstellen befinden. Bestands- und Bedarfsrechnung arbeiten jedoch mit den Gesamtmengen der Kontrollgruppe, wobei die Zwischenlagerbestände getrennt ausgewiesen werden müssen.

Soll eine Kostenverantwortung für eine Kontrollgruppe übernommen werden, so ist es sinnvoll, daß die Kontrollgruppe einer Organisationseinheit z.B. Abteilung, Kostenstelle usw. zugeordnet werden kann. Dies setzt voraus, daß zwischen dem Fertigungsfluß und der aufbauorganisatorischen Gliederung eine Kompatibilität besteht. Da gezielte Maßnahmen zur Steuerung erforderlich sind, muß die Abgrenzung der Kontrollgruppe eine Lokalisierung von Umlaufbeständen ermöglichen. Zwar sind diese Forderungen bei einer Bearbeitungsstation bzw. einer Fertigungsstelle erfüllt, aber es ist von Fall zu Fall zu entscheiden, bei welcher Abgrenzung der Datenerfassungsaufwand noch vertretbare Größenordnungen annimmt.

4.2.3 Der Planungshorizont und der Planungszyklus

Der Planungshorizont kennzeichnet den Betrachtungszeitraum /70/ innerhalb dessen der Umlaufbestand planend als Sollgröße festgelegt werden soll. Damit hängt dieser Zeitraum stark von der Fertigungsart der Kontrollgruppe ab. Der Planungszyklus gibt an, wie häufig die Planung wiederholt wird /70/.

Will man den Veränderungen des Produktionsprogramms mit ausreichender Flexibilität begegnen, indem man Abweichungen von den geplanten Umlaufbeständen innerhalb eines geeigneten Zeitraums rechtzeitig erkennt, so wäre es wünschenswert, als Planungszyklus (PZ) einen Zeitraum zu wählen, der unterhalb der kleinsten vorkommenden Fertigungszyklen (FZ) liegt. In der Praxis ist dies leider nicht immer realisierbar.

Eine bereits erfolgte Festlegung des Planungszyklus ändert an der Allgemeinheit der nachfolgenden Betrachtung der Planungsgrößen nichts. Es müssen daher die Fälle, die sich aus dem Vergleich der Größenordnungen von Planungszyklen und Fertigungszyklen ergeben ($FZ \geq PZ$, $FZ < PZ$), unterschieden werden.

4.3 BESTIMMUNGSGRÖSSEN DES UMLAUFBESTANDES

4.3.1 Vorbemerkung

Für die quantitative Behandlung des Umlaufproblems empfiehlt es sich, die durch die Bilder 16 und 17 angedeutete Materialflußstruktur in Kap. 3.2.3 näher zu erläutern. Die Darstellung in Bild 32 interpretiert die Bearbeitungsstationen, Bereitstellungsläger und Puffer so, daß Bestände, die sich in ihnen befinden, voneinander unterschieden werden können. Der Zwischenlagerbestand wird getrennt ausgewiesen.

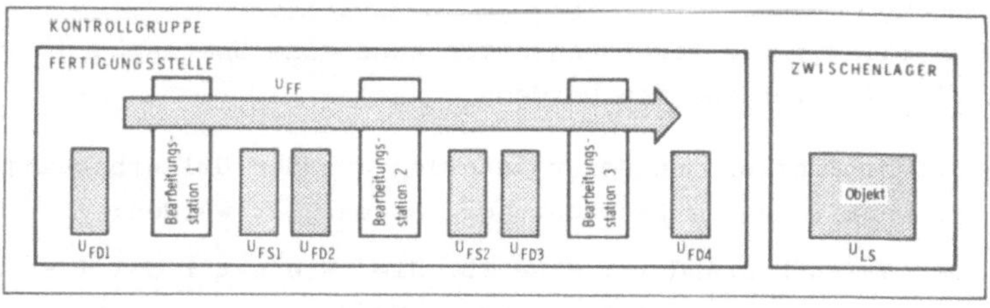

Erläuterungen zu den: verwendeten Symbolen	Einzellagerstellen	Umlaufanteilen
U - Lagerstelle, an dem sich der Umlaufanteil u befindet	U_{FD1} - Bereitstellungslager 1	u_{FF} - Fixumlauf [Stück] Anteile in Bearbeitungsstationen und Verkettungseinrichtungen
F - in Fertigungsstelle / L - in Zwischenlager (1. Stelle Index)	U_{FS1} - Sicherheitspuffer der Bearbeitungsstation 1	u_{FD} - Dispositionspuffer [Stück] Anteile von U_{FD1} - U_{FD4}
D - Disposition / F - Fix / S - Sicherheit (2. Stelle Index)	U_{FD2} - Dispositionspuffer für Bearbeitungsstation 2	u_{FS} - Sicherheitspuffer [Stück] Anteile von U_{FS1} - U_{FS2}
	U_{FS2} - Sicherheitspuffer der Bearbeitungsstation 2	u_{LS} - Sicherheitsbestand [Stück] Anteil in U_{LS}
	⋮ U_{LS} - Zwischenlager	

Bemerkung:

1. Die Anteile in U_{FD2} oder U_{FD3} sind Null, wenn
   - eine starre Verkettung zwischen den Bearbeitungsstationen vorliegt und / oder
   - keine unterschiedlichen Produktionsgeschwindigkeiten zwischen den Bearbeitungsstationen ausgeglichen werden müssen.
2. Bei Kontrollgruppen, die keine Bearbeitungsstationen enthalten, wird der Umlaufbestand in U_{LS} zusammengefaßt. Solche Kontrollgruppen können als Transportkontrollgruppen interpretiert werden, die zwischen Kontrollgruppen liegen, die räumlich sehr weit auseinander liegen (z. B. verschiedene Werke)

Bild 32: Umlaufanteile in der Kontrollgruppe

4.3.2 Losfertigung und Fließfertigung

Die bisher verwendeten Begriffe der kontinuierlichen und diskontinuierlichen Fertigungsart sollen zur weiteren Diskussion des Umlaufbestandes in den Kontrollgruppen in einer eingeschränkteren Weise verwendet werden.

In Anlehnung an Ropohl /71/ ist die diskontinuierliche Fertigung eine Losfertigung, wenn unter dem Aspekt des zeitlichen Fertigungsablaufes die Fertigungsmenge eines Objektes ohne Unterbrechung durch die Fertigung eines anderen Objektes unmittelbar zusammenhängend in einer Kontrollgruppe gefertigt wird.

Häufig wird die Fließfertigung als Begriff zur Erläuterung des Organisationstyps einer Fertigung im Zusammenhang mit der Werkstatt- und Reihenfertigung /11/ verwendet. In dieser Arbeit wird der Begriff der Fließfertigung für die kontinuierliche Fertigung ausschließlich dem zeitlichen Ablauf vorbehalten /72/. Zwischen den Kontrollgruppen mit unterschiedlichen Fertigungsarten kann eine Überlappung der Fertigung /10, 45/ vorgenommen werden.

Der zeitliche Einfluß von Umlaufanteilen auf den Umlaufbestand wird deutlich, wenn folgende Betrachtungen angestellt werden:

- o Der Umlaufbestand ist eine für die K o n t r o l l g r u p p e charakteristische Größe
- o der Umlaufbestand ist eine für das K o n t r o l l o b j e k t charakteristische Größe.

Dabei können diese beiden Betrachtungsweisen den beiden Fertigungsarten jeweils zugeordnet werden.

Für die Fließfertigung sind in Bild 32 die noch näher zu erläuternden Umlaufanteile aufgezeigt. Ändern sich von Planungs- zu Planungszyklus die Programmwerte nur unwesentlich, so ist am Ende der Planungszyklen der Ist-Umlaufbestand als Summe aus den Meßgrößen der Umlaufanteile des betrachteten Objektes ebenfalls kontinuierlich darstellbar. Diese Umlaufanteile erlauben somit eine vollständige Kontrolle einer Objektmenge in der K o n t r o l l g r u p p e und sind deshalb eine für die Kontrollgruppe charakteristische Größe.

Bei der Losfertigung ist für eine Umlaufbestandskontrolle auf der Objektebene in Bild 33 zu erkennen, daß das Fertigungslos L_x im zeitlichen Ablauf die Umlaufanteile unterschiedlich anspricht. So sind z.B. die Umlaufanteile u_{FF} und u_{FD} während des Fertigungsprozesses veränderliche Größen. Bei der Planung und Kontrolle des Umlaufbestandes werden dann im Planungszyklus die Umlaufanteile der Kon-

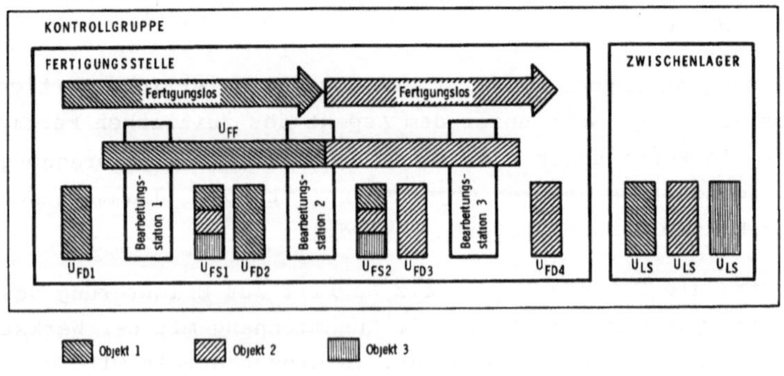

Bild 33: Veränderung der Umlaufanteile bei Losfertigung

trollgruppe keine kontinuierlichen Größen mehr sein. In diesem Fall ist das Objekt die charakteristische Größe für die Bestimmung des Umlaufbestandes. Deshalb muß in der Planungsrechnung berücksichtigt werden, daß die Erfassung der Bewegungsdaten und die Ermittlung des Ist-Umlaufbestandes am Ende des Planungszyklus erfolgt.

4.3.3 Umlaufanteile in der Fertigungsstelle

In diesem Kapitel werden die Aufgaben der in Bild 32 definierten Umlaufanteile für den Fertigungsablauf in einer Kontrollgruppe näher betrachtet.

4.3.3.1 Der Dispositionspuffer

Das Bereitstellungslager U_{FD1} beinhaltet Erstbestände, die von der vorangehenden Kontrollgruppe über den Zuordner angeliefert werden. Es stellt einen Dispositionspuffer dar, der sich vor der ersten Bearbeitungsstation befindet. Dieser Dispositionspuffer hat die Aufgabe

- o des Ausgleiches bei unterschiedlichen Fertigungsreihenfolgen (Bild 34) sowie
- o des Ausgleiches bei Transport von Teilen mit einer Kistenanzahl entsprechend des Transportaufkommens bei stückweiser Entnahme und Bearbeitung.

Der Dispositionspuffer U_{FD2-3} befindet sich innerhalb der Kontrollgruppe zwischen den Bearbeitungsstationen und hat dann die Taktzeitunterschiede zwischen den Bearbeitungsstationen auszugleichen /62,63/.

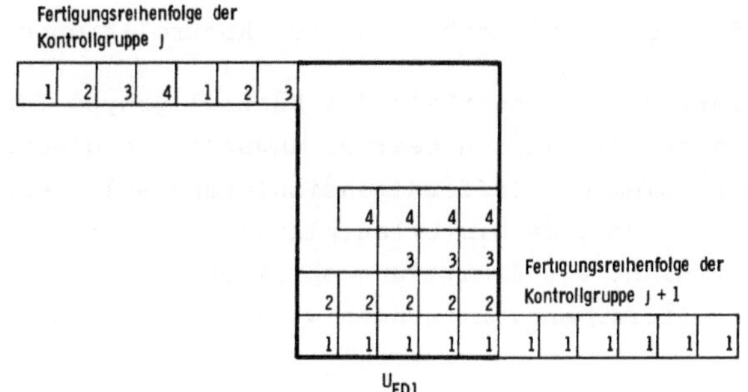

Bild 34: Funktion des Dispositionspuffers bei veränderlichen Fertigungsreihenfolgen

Der Dispositionspuffer U_{FD_4}, der sich innerhalb der Kontrollgruppe nach der letzten Bearbeitungsstation befindet, dient zur Bereitstellung einer Überbrückungsmenge bei direkter Weitergabe zur nächsten Kontrollgruppe.

Die Bestandsanteile der Dispositionspuffer $u_{FD_{1-4}}$ sind unabhängig vom Produktionsprogramm festzulegen und werden in Stück angegeben.

4.3.3.2 Der Fixumlauf

Der Fixumlauf U_{FF} beinhaltet den minimal zum Betrieb einer Fertigungs- oder Montagelinie erforderlichen Bestand u_{FF}. Er befindet sich in den einzelnen Bearbeitungsstationen sowie in den Verkettungseinrichtungen zwischen den Bearbeitungsstationen.

Wird u_{FF} unterschritten, so entstehen Leertakte und die Planausbringung ist nicht gewährleistet. Der Fixumlauf u_{FF} ist nicht vom Produktionsprogramm abhängig und wird in Stück angegeben.

4.3.3.3 Der Sicherheitspuffer

Der Sicherheitspuffer u_{FS} dient zur Überbrückung von Störungen innerhalb einer Kontrollgruppe. Dabei wird der Sicherheitspuffer entleert, wenn die Störung vor dem Puffer liegt und gefüllt, wenn die Störung nach dem Puffer liegt. Der Sicherheitspuffer beinhaltet Objekte im Bearbeitungszustand, der bis zum Puffer vorgesehen ist. Die Dauer, die mit dem Sicherheitspuffer abgedeckt werden soll, ist von den entsprechenden Maschinenausfallzeiten abhängig. Dabei sollen lediglich häufig auftretende kleinere Störungen überbrückt werden. Für längere Ausfallzeiten ist der Zwischenlagerbestand der Kontrollgruppe vorzusehen.

Der Sicherheitspuffer kann innerhalb der Kontrollgruppe für jedes Objekt in seinen unterschiedlichen Bearbeitungszustand dimensioniert werden. Auf das Problem der Pufferdimensionierung soll jedoch hier nicht eingegangen werden, da die Umlaufplanung und -steuerung im Rahmen dieser Arbeit nicht als Ermittlung optimierter Planungsgrößen aufgefaßt wird. Pufferdimensionierungen werden in /73/ und /74/ behandelt.

Der Inhalt des Sicherheitspuffers bleibt in der Kontrollgruppe, auch wenn das Objekt momentan nicht gefertigt wird. Ausnahmen können Objekte bilden, die nicht bis zum nächsten Los gelagert werden können (z.B. verrosten, altern).

Die Sicherheitspuffer werden nur in Kontrollgruppen benötigt, in denen die Teilefertigung in mehreren Bearbeitungsstationen erfolgt. Bei Fertigungsstellen mit nur einer Bearbeitungsstation müssen Störungen über den Zwischenlagerbestand abgedeckt werden.

Die Mengenangabe von u_{FS} geschieht in Abhängigkeit vom Produktionsprogramm. u_{FS} wird durch einen Faktor p_{FS} [Tage] bestimmt, der angibt, welcher Anteil eines vom Produktionsprogramm her zu bestimmenden Bruttobedarfs pro Zeiteinheit sich im Sicherheitspuffer befinden soll.

Für $p_{FS} < 1$ enthält der Sicherheitspuffer weniger als der Bruttobedarf/Tage,

$p_{FS} = 1$ enthält er genau den Bruttobedarf/Tage,

$p_{FS} > 1$ enthält er mehr als den Bruttobedarf/Tage.

Es sei

PP_{ijk} der Bruttobedarf des Objektes i in der Kontrollgruppe j zum Zeitpunkt t_k [Stück] ,

und es seien

t_{k+1} und t_k die Zeitpunkte, an denen der k-te Planungszyklus endet bzw. beginnt, so daß

$(t_{k+1}-t_k)$ die Dauer der Planungsperiode ist,

dann ist die in u_{FS} liegende Menge der Objekte i zum Zeitpunkt t_k

$$u_{FS} = \frac{PP_{ijk} \cdot p_{FS}}{t_{k+1} - t_k} \text{ . *)} \qquad (4)$$

---

*) Da sich diese und die nachfolgenden Ausdrücke immer nur auf Mengen eines Objektes i beziehen, wird zur Vereinfachung der Objektindex i in Kapitel 4 und 5 weggelassen.

4.3.4 Umlaufanteile im Zwischenlager

4.3.4.1 Der Sicherheitsbestand

Der Sicherheitsbestand u_{LS} dient zur Aufrechterhaltung der Lieferbereitschaft an die nachfolgenden Kontrollgruppen, wenn keine Fertigung in der Kontrollgruppe selbst möglich ist (z.B. Maschinenausfall, fehlendes Material). Der Sicherheitsbestand besteht aus kontrollierten Objekten im Bearbeitungszustand der letzten Bearbeitungsstation in der Kontrollgruppe. Die Dauer, die mit einem bestimmten Sicherheitsbestand abgedeckt werden kann (z.B. drei Tage) ist vom Produktionsprogramm abhängig. Da diese Dauer ständig gleich sein sollte, wird der Bestand von U_{LS} in Zeiteinheiten des Produktionsprogrammes angegeben und der Bestand mit Hilfe des Produktionsprogrammes errechnet. Wird diese Angabe wieder durch einen Faktor p_{LS} [Tage] vorgegeben, dann ist in der vollen Analogie zur Gleichung (4)

$$u_{LS} = \frac{PP_{jk} \cdot p_{LS}}{(t_{k+1} - t_k)} \quad . \qquad (5)$$

Der Sicherheitsbestand kann sich in der Fertigungslinie und/oder im Zwischenlager befinden. Systemtheoretisch ist eine Lokalisation in der Kontrollgruppe ausreichend. Für die Festlegung des Sicherheitsbestandes sei auf /12/ verwiesen.

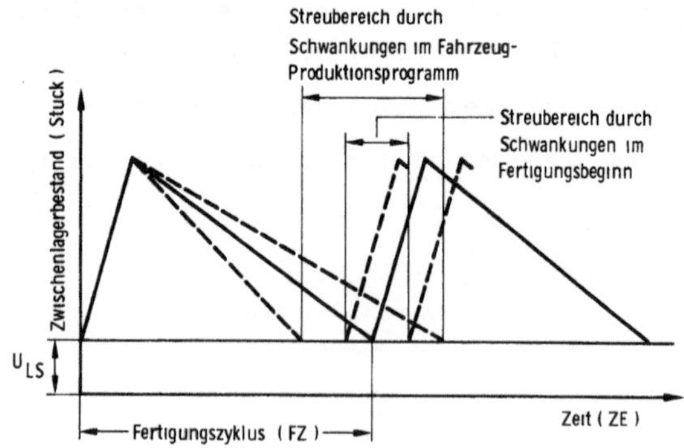

Bild 35: Aufgaben des Zwischenlagerbestandes

Während bei der Fließfertigung durch u_{LS} nur Produktionsstörungen abgedeckt werden müssen, ist bei der Losfertigung auch ein Bedarf, der durch Produktionsprogrammänderungen während des Losfertigungszyklus entstehen kann, zu decken (Bild 35).

4.3.4.2 Der Losfertigungsbestand

Bei der Losfertigung hat das Zwischenlager die Aufgabe, die gefertigte Auftragsmenge (= Fertigungslos L_x) aufzunehmen und den im Fertigungsablauf nachfolgenden Kontrollgruppen nach Bedarf zur Verfügung zu stellen. Die aufzunehmende Menge entspricht dann der Fertigungsauftragsmenge, die das Ergebnis der Planungsrechnung darstellt.

Zur Dimensionierung des Sicherheitsbestandes in Abhängigkeit von der Losgröße vergleiche /75/.

4.4 FESTLEGUNG DES BESTANDSVERLAUFS IN DER KONTROLLGRUPPE

4.4.1 Vorbemerkung

Will man die Planungsgrößen, die Soll-Größen darstellen, sinnvoll definieren, ist der zu planende Ablauf zunächst als autonomes System zu betrachten, d.h. daß der Verlauf der Bestände innerhalb der Kontrollgruppe zunächst ohne planende Eingriffe dargestellt wird.

4.4.2 Bestimmung des Bestandsverlaufs, unabhängig von der Fertigungsart

Die zeitliche Fixierung des Bestandsverlaufs ist nur im Rahmen des Planungszyklus sinnvoll, der nachher auch für die Planungsrechnung Verwendung findet. Damit werden der Fertigungszyklus FZ und der Planungszyklus PZ, der anschließend als Betrachtungszyklus aufgefaßt werden kann, für die nachfolgenden Überlegungen wichtig.

Unabhängig von der Fertigungsart lassen sich folgende Größen definieren:

Der Istbestand eines Objektes i in der Kontrollgruppe j zum Zeitpunkt t_k, also zu Beginn des Planungszyklus k, setzt sich aus den Beständen in der Fertigungsstelle und dem Zwischenlager zusammen,

$$IB_{jk} = IB^F + IB^Z. \tag{6}$$

Seine Ermittlung geschieht durch die Erfassung der in Bild 19 eingezeichneten Zu- und Abgänge an den Kontrollpunkten h = I - VI. Wegen der Lage der Kontrollpunkte h = I und h = II werden die Bestände in der Fertigungsstelle zusammen erfaßt.

Die Produktionsgeschwindigkeit der Fertigungsstelle /13/ gibt die innerhalb eines Zeitraums produzierte Anzahl von Objekten an,

$$v_{jk} = \frac{\text{Anzahl Objekte i in der Kontrollgruppe j}}{(t_{k+1} - t_k)} \left[\frac{\text{Stück}}{\text{Zeiteinheit}}\right] \qquad (7)$$

Die in dieser Zeiteinheit produzierte Menge (Produktionsmenge) ist dann

$$PM_{jk} = v_{jk} \cdot (t_{k+1} - t_k) \qquad (8a)$$

Im Idealfall entspricht die Absatzmenge dem Bedarf der nachfolgenden Kontrollgruppe. Definiert man eine Bedarfsrate BR für die Kontrollgruppe j als die Größe, die die Absatzmenge an die nachfolgende Kontrollgruppe steuert, so sollte sie gleich dem Bedarf der nachfolgenden Kontrollgruppe in der betrachteten Zeiteinheit sein. Die Absatzmenge ist dann als zeitabhängige Größe

$$AM_{jk}(t) = BR_{jk} \cdot (t - t_k) \quad \text{aufzufassen.} \qquad (9a)$$

Für den Bestandsverlauf der Kontrollgruppe j innerhalb des betrachteten Planungszyklus wird nach der Mengengleichung (3)

Bestand = Istbestand + Produktionsmenge - Absatzmenge

$$B_j(t) = IB_{jk} + v_{jk} \cdot (t - t_k) - BR_{jk} \cdot (t-t_k) \qquad (10a)$$

Die Bedarfsrate soll nun als Größe aufgefaßt werden, in der sich die verschiedenen Fertigungsarten ausdrücken. Die Gleichung (10a) ist dann als Bestimmungsgleichung für den Bestandsverlauf anzusehen.

4.4.3 Bestandsverlauf bei Fließfertigung

Die Fließfertigung kann wie eine Losfertigung betrachtet werden, wenn die Dauer des Fertigungszyklus FZ dem Planungszyklus PZ entspricht. Es befinden sich die Umlaufanteile der Fertigung - mit den vom Produktionsprogramm bedingten Schwankungen - permanent in der Kontrollgruppe. Wird in der Nachfolger-Kontrollgruppe ebenfalls in Fließfertigung gearbeitet, werden keine zusätzlichen Zwischenlagerbestände aufgebaut. Bei als gleichmäßig angenommener Produktionsgeschwindigkeit innerhalb des Planungszyklus entspricht die Differenz zwischen der Produktionsmenge PM und der Abgabemenge AM dem Überschuß, mit dem der Umlaufbestand aufgefüllt oder geleert werden kann.

Definiert man den Planumlaufbestand PB_{jk} als die Menge, die der Umlaufbestand annehmen soll, um seine in Kap. 4.3 skizzierten Aufgaben zu erfüllen, dann entspricht dieser Überschuß gerade der Differenz zwischen dem Planumlaufbestand und dem vorhandenen Istbestand. Es ist daher

$$PM_{jk} - AM_{jk} = PB_{jk} - IB_{jk} \tag{11}$$

innerhalb eines Planungszyklus (für $t_{k+1} > t \geq t_k$).

Für die Fließfertigung kann man im Planungszyklus PZ v_{jk} und BR_{jk} als konstant annehmen, so daß (zur Vereinfachung ohne Indizes)

$$v = PM/\ (t_{k+1} - t_k) \tag{8b}$$

und

$$BR = AM/\ (t_{k+1} - t_k) \text{ ist.} \tag{9b}$$

Dann wird der Bestandsverlauf zu

$$B\ (t) = IB + \frac{PM}{t_{k+1} - t_k} \cdot (t-t_k) - \frac{AM}{t_{k+1} - t_k} \cdot (t-t_k) \tag{10b}$$

Unter der Benutzung von Gleichung (11) ergibt sich der Bestandsverlauf im Falle der Fließfertigung zu

$$B\ (t) = IB + \left[PB - IB\right] \cdot \frac{t - t_k}{t_{k+1}-t_k} \tag{10c}$$

4.4.4 Bestandsverlauf bei Losfertigung

Im Fall der Losfertigung hängt das Verhalten des Bestandsverlaufs in der betrachteten Kontrollgruppe vom Bedarfsverlauf der Nachfolgekontrollgruppe ab, so daß hierfür keine vom Planungs- und Fertigungszyklus unabhängige Betrachtung mehr möglich ist.

Es kann jedoch der Bestandsverlauf in der Fertigungsstelle allein betrachtet werden. Die Umlaufanteile befinden sich nicht permanent in der Fertigungsstelle.

Das Fertigungslos L_x [Stück] im x-ten Fertigungszyklus sei für diese Betrachtung zunächst vorgegeben (zur näheren Bestimmung vgl. Kap. 4.5.2). Das Fertigungslos kann nun größer oder kleiner als der Planumlauf in der Fertigungsstelle

$$u^F = u_{FF} + u_{FD} + u_{FS} \qquad (12)$$

sein, so daß zwei Fälle zu unterscheiden sind (vgl. Tabelle 2).

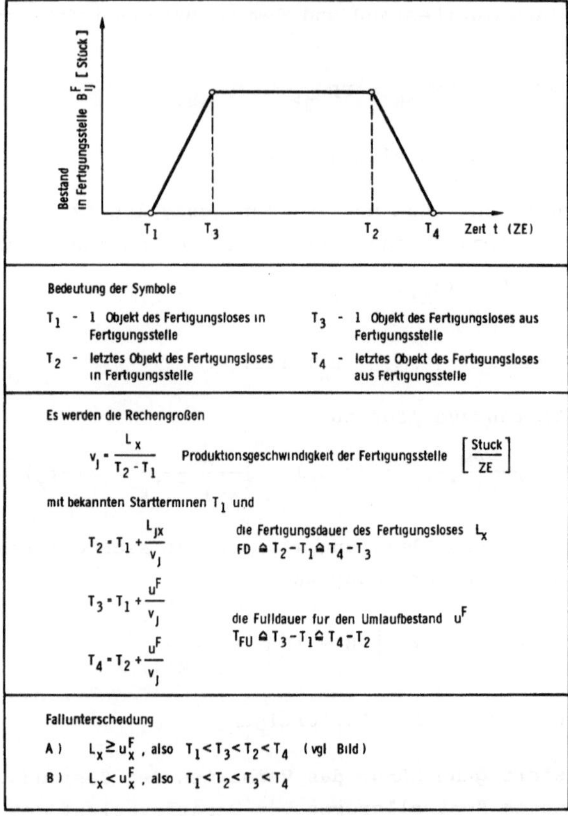

Tabelle 2: Bestandsverlauf in der Fertigungsstelle

Für die Bestimmung des Bestandsverlaufs in der Fertigungsstelle ergibt sich die Gleichung (10 a) aus den in Tabelle 3 nach den Fällen A und B geordneten Ausdrücken.

Für die Bestimmung der Bestandsverläufe im Zwischenlager sind die einzelnen Fälle zu diskutieren, die sich aus der Kombination zweier Kontrollgruppen mit verschiedenen Fertigungsarten ergeben.

Fall A		Fall B	
$T_1<t<T_3$	$IB=0 \quad t_o=T_1$ $v=\frac{L_x}{T_2-T_1}$ $BR=0$	$T_1<t<T_2$	$IB=0 \quad t_o=T_1$ $v=\frac{L_x}{T_2-T_1}$ $BR=0$
$T_3<t<T_2$	$IB=u^F$ $v=0$ $BR=0$	$T_2<t<T_3$	$IB=L_x$ $v=0$ $BR=0$
$T_2<t<T_4$	$IB=u^F \quad t_o=T_2$ $v=0$ $BR=+\frac{L_x}{T_2-T_1}$	$T_3<t<T_4$	$IB=L_x \quad t_o=T_3$ $v=0$ $BR=+\frac{L_x}{T_2-T_1}$
$T_4<t$	$IB=0$ $v=0$ $BR=0$	$T_4<t$	$IB=0$ $v=0$ $BR=0$
$B^F(t)=IB+v(t-t_k)-BR(t-t_k)$			

(10d)

Tabelle 3: Bestimmungsgleichung zum Bestandsverlauf in der Fertigungsstelle

4.5 ERMITTLUNG DES PLANBESTANDES

4.5.1 Fertigungszyklus und Planungszyklus

Für die Ermittlung des Planbestandes sind zunächst einige Betrachtungen des Fertigungs- und des Planungszyklus erforderlich. Wie im Kap. 4.3 ausgeführt, sind die Umlaufanteile in der Fertigungsstelle nur während der Fertigung eines Objektes vorhanden. Fällt der Beginn des Planungszyklus mit dem Beginn des Fertigungszyklus zusammen, sind lediglich der Sicherheitsbestand und der bis zur Bereitstellung des ersten Objektes verfügbare Bestand erforderlich.

In der Regel fallen der Beginn des Fertigungs- und Planungszyklus nicht zusammen, so daß differenziertere Betrachtungen für den Planbestand zu Beginn eines Planungszyklus notwendig werden. Darüberhinaus müssen Planungs- und Fertigungszyklus in ihrer Größe nicht übereinstimmen.

Es ergeben sich für die Losfertigung zwei Möglichkeiten:

1. Der Fertigungszyklus ist gleich oder größer als der Planungszyklus ($FZ \geq PZ$).

2. Der Fertigungszyklus ist kleiner als der Planungszyklus (FZ < PZ).

Damit werden für die Berechnung von Bestands- und Planungsgrößen drei Fertigungsarten definiert:

1. Fließfertigung
2. Losfertigung mit Fertigungszyklus ≥ Planungszyklus (FZ ≥ PZ)
3. Losfertigung mit Fertigungszyklus < Planungszyklus (FZ < PZ).

Da eine mehrstufige Fertigung vorausgesetzt ist, sollen die Planumlaufbestandsbetrachtungen jeweils für zwei aufeinanderfolgende Kontrollgruppen exemplarisch angestellt werden. Somit sind die im Bild 36 gezeigten neun Fälle zur Berechnung des Planbestandes relevant.

Fertigungsart Kontrollgruppe j / Fertigungsart Kontrollgruppe j+1		Fließfertigung	Losfertigung	
			FZ ≥ PZ	FZ < PZ
Fließfertigung		1	4	7
Losfertigung	FZ ≥ PZ	2	5	8
	FZ < PZ	3	6	9

Bild 36: Fälle zur Berechnung des Planumlaufbestandes

4.5.2 Bruttobedarf und Nettobedarf

Die verschiedenen Produktionsprogramme beinhalten den Primärbedarf (Subsystem AD 1) für Fahrzeuge, Aggregate und Ersatzteile. Zusammen mit dem Teileverwendungsnachweis der Stücklistenauflösung (Subsystem AD 2) wird der Bruttobedarf PP auf Teileebene gebildet, der dem Bedarf in der letzten Kontrollgruppe in der Reihe der Teilefertigung entspricht. Über die erweiterte Stücklistenstruktur (vgl. Kap. 6.3.1) der Eigenfertigungsteile ist nun eine Berechnung des Bedarfs für jede

Kontrollgruppe bis zur ersten Kontrollgruppe des Materialflusses für das entsprechende Objekt i erforderlich. Dabei entspricht der Bruttobedarf PP_j einer Kontrollgruppe dem Nettobedarf BED_{j+1} der in Dispositionsrichtung vorangehenden Kontrollgruppe. Der Bruttobedarf kann sich verändern, wenn durch eine Materialflußverzweigung ein weiterer Bedarf benötigt wird. Sonst ist

$$BED_{j+1k} = PP_{jk} \tag{13}$$

Die Bestandsdifferenzen DB entstehen aus den Soll/Ist-Abweichungen zwischen Planbestand und Istbestand

$$DB = IB - PB \quad \text{für alle i, j, k,} \tag{14}$$

wobei für DB > o ein Überbestand vorliegt, der als der Bestand zu interpretieren ist, der über den Planumlaufbestand hinausgeht. Für DB < o liegt ein Fehlbestand vor, der durch die in Materialflußrichtung vorhergehende Kontrollgruppe ausgefüllt werden muß.

Für den Nettobedarf gilt dann

$$BED = PP - DB \quad \text{für alle i, j, k.} \tag{15}$$

Dieser Nettobedarf stellt für die Kontrollgruppe die Auftragsmenge zum Zeitpunkt t_k für den Planungszyklus k dar. Die Auftragsmenge ist dann:

$$A_{jk} = PP_{jk} - (IB_{jk} - PB_{jk}). \tag{16}$$

Mit Gleichung (13) wird

$$A_j = BED_{j+1} + PB_j - IB_j \quad \text{für i, k.} \tag{17}$$

Diese Auftragsmenge bezieht sich immer auf einen Planungszyklus.

Für den Fall der Fließfertigung kann wegen der Gleichsetzung von Planungszyklus und Fertigungszyklus der benötigte Bedarf auch durch die Menge des Fertigungsloses ausgedrückt werden. Der Planumlaufbestand in der Kontrollgruppe mit Fließfertigung sei zu Beginn des Fertigungszyklus bereits vorhanden.

Bei der Losfertigung wird nun der Bedarf der Kontrollgruppe BED_j in Abhängigkeit von der Dauer des Fertigungszyklus und dem Beginn t_x der Losfertigung innerhalb des Planungszyklus zur bestimmenden

Größe für die Menge des Fertigungsloses L_{jx}. Fertigungszyklus und Fertigungsbeginn sind von der Basisbelegung (Subsystem AD 4) so vorgegeben, daß ein Fertigungszyklus entweder ein ganzzahliges Vielfaches des Planungszyklus (FZ $\geq$ PZ) ist, oder der Planungszyklus ein ganzzahliges Vielfaches des Fertigungszyklus (FZ < PZ) ist. Damit ist eine Zeitdauer festgelegt, über die die Mengenrechnung disponieren muß. Bild 37 zeigt ein Beispiel für drei hintereinanderliegende Kontrollgruppen, die in verschiedenen Fertigungszyklen produzieren. So ist für die Mengenbildung des Fertigungsloses L_{jx} entscheidend, in welchem Zyklus die Kontrollgruppe j + 1 fertigt. Die Menge des Fertigungsloses kann somit ein Mehrfaches oder eine Teilmenge des im Fertigungszyklus FZ_{j+1} benötigten Bedarfs BED_{j+1x} sein, also mit $BED_x = L_x$ gelten soll:

$$\frac{L_{j+1}}{L_j} = \frac{FZ_{j+1}}{FZ_j} \quad . \qquad (18)$$

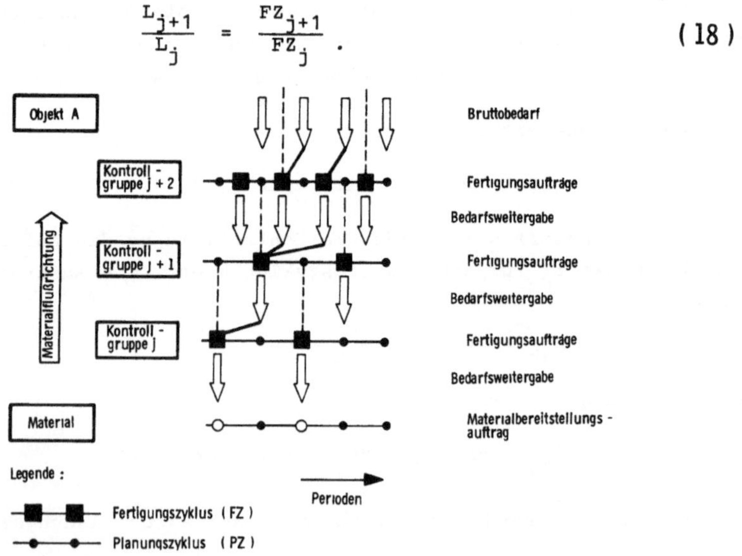

Bild 37: Mengenfestlegung für die Fertigungsaufträge

Mit dem vorgegebenen Beginn t_x läßt sich der Bedarf bezogen auf den Planungszyklus k ausdrücken, indem man die Zeit zwischen dem Beginn des Fertigungszyklus und dem Beginn der Planungsperiode sowie das Verhältnis FZ/PZ berücksichtigt.

Für die Planungsrechnung ergibt sich bei der Berechnung von Gleichung (17) für den zu ermittelnden Planbestand folgende Schwierigkeit: in der Praxis ist es nicht möglich, daß für den Planungszeitpunkt t_k auch bereits die aktuellen Istbestandswerte (IB_{jk}) zur Verfügung stehen, da die Datenerfassung mit anschließender Auswertung nur mit einer Zeitverschiebung erfolgen kann.

Deshalb muß zur Berechnung von Gleichung (17) als Näherungswert der Istbestand des vorhergehenden Planungszyklus verwendet werden. Damit wird

$$A_{jk} = BED_{j+1k} + (PP_{jk-1} - IB_{jk-1}). \tag{17b}$$

Dadurch entsteht eine Phasenverschiebung von einem Planungszyklus, mit der die Anpassung des Umlaufbestandes an das Produktionsprogramm verschoben ist. Es ist

$$IB_{jk} = PP_{jk} - (PP_{jk-1} - IB_{jk-1}) . \tag{19}$$

Es können bei bekannten Planbeständen PB und ermittelten Istbeständen IB mit dem Bruttobedarf der ersten Kontrollgruppe alle Auftragsmengen bzw. die Mengen der Fertigungslose rekursiv berechnet werden.

4.5.3 Der Planbestand

Der Planbestand, der zum Zeitpunkt t_{k-1} berechnet wird, stellt den zum Zeitpunkt t_k vorliegenden Sollbestand dar, der die Umlaufanteile und die zum Ausgleich bei der Losfertigung notwendige Menge enthält. Diese Menge muß jeweils bis zum Beginn des nächsten Fertigungszyklus den Bedarf der nachfolgenden Kontrollgruppe abdecken. Somit ist der Bedarf, der sich während der Fülldauer T_{FU} des Umlaufes in der Fertigungsstelle ergibt, durch den Istbestand abzüglich den notwendigen Umlaufanteilen zu decken, also

$$IB = \frac{BED_x}{t_{x+1} - t_x} \cdot T_{FU} + u^F + u_{LS} \tag{20}$$

Der notwendige Planbestand ergibt sich aus dem Bestandsverlauf nach Gleichung (10 a), wobei der Wert des Bestandes zum Zeitpunkt t_k zu betrachten ist. Dabei ist der Istbestand in Gleichung (10 a) nach Gleichung (20) zu interpretieren, so daß sich für den Planbestand

$$PB_k = \frac{BED_x}{t_{x-1} - t_x} \cdot T_{FU} + u^F + u_{LS} + v_k \cdot (t_k - t_o) - BR_k \cdot (t_k - t_o) \tag{21}$$

(t_o entspricht dem Anfangszeitpunkt, ab dem v und BR im Bestandsverlauf konstant sind)

als Bestimmungsgleichung ergibt. Die Bestimmung von u^F, u_{LS}, T_{FU} und BR hängt wiederum von den Fällen 1 - 9 (nach Bild 36) ab; im Kap. 4.6 werden für zwei ausgewählte Beispiele der Bestandsverlauf und der Planbestand näher ermittelt.

4.6 EXPLIZITE BETRACHTUNG DER BESTANDSVERLÄUFE UND DER PLANBESTÄNDE

4.6.1 Vorbemerkung

Im Folgenden sollen anhand zweier häufig in der Praxis vorkommenden Fälle die Gestalt der Bestandsverläufe und der Planbestände entwickelt werden. Beide Fälle unterscheiden sich durch die Fertigungsart der vorangehenden Kontrollgruppe, Fall 1 steht stellvertretend für die Klasse der Fälle 1 - 3, Fall 4 steht stellvertretend für die Fälle 4 - 9 (nach Bild 36).

Die Herleitung aller Fälle würde den Rahmen der vorliegenden Arbeit überschreiten, so daß im Anhang nur die Formeln für die Planbestände und eine qualitative Diskussion der Bestandsverläufe gegeben wird.

4.6.2 Bearbeitungsfolge Fließ-/Fließfertigung (Fall 1)

Dies ist der einfachste Fall. In der nachfolgenden Kontrollgruppe besteht kein vom Fertigungszyklus abhängiger Bedarf, da bei der Fließfertigung der Fertigungszyklus gleich dem Planungszyklus ist.

Die Bedarfsrate erhält damit die Gestalt

$$BR = v - \frac{PB - IB}{t_{k+1} - t_k}, \qquad (22)$$

da die nachfolgende Kontrollgruppe gerade die um den Fehlbestand DB ausgeglichene oder um den Überbestand DB verminderte Produktionsmenge enthält. Damit wird der Bestandsverlauf äquivalent zu Gleichung (10 c).

Die Berechnung des Planbestandes geht davon aus, daß der notwendige Umlaufbestand sich bereits in der Kontrollgruppe befindet, daher wird die

Füllzeit $T_{FU} = 0$. Der Planbestand ergibt sich aus der Idealisierung, daß bei Fließfertigung v = BR ist. Damit wird Gleichung (21) zu

$$PB = u^F + u_{LS} \,. \tag{23}$$

4.6.3 Bearbeitungsfolge Los- (FZ ≥ PZ) / Fließfertigung (Fall 4)

In Kap. 4.4.4 ist der Bestandsverlauf B^F in der Fertigungsstelle der Kontrollgruppe, die Losfertigung aufweist, bereits diskutiert worden (vgl. Tabelle 3: Bestandsverlauf in der Fertigungsstelle). Um den Bestandsverlauf der gesamten Kontrollgruppe zu erhalten, muß der Bestandsverlauf im Zwischenlager betrachtet werden, da der Bestandsverlauf sich aus

$$B_j = B^F + B^Z \tag{24}$$

zusammensetzt.

Das Zwischenlager wird zum Zeitpunkt T_3 (das erste Objekt verläßt die Fertigung) gefüllt (vgl. Bild in Tabelle 4). Dieser Vorgang dauert bis T_4 (das letzte Objekt verläßt die Fertigungsstelle). Da die nachfolgende Kontrollgruppe in Fließfertigung produziert, werden dem Zwischenlager ständig Bestände entnommen, so daß zum Zeitpunkt T_3 nur noch der notwendige Sicherheitsbestand u_{LS} zur Verfügung steht.

Für den Bestandsverlauf im Zwischenlager gilt, unabhängig von Fall A oder Fall B

Füllen des Zwischenlagers:

$$T_3 \leq t < T_4 :$$

$$B^Z = IB + v \cdot (t - T_3) - \frac{BED_x}{T_1' - T_1} \cdot (t - T_3) \tag{25}$$

Entleerung des Zwischenlagers:

$$T_4 \leq t < T_3' :$$

$$B^Z = IB + L_x - \frac{BED_x}{T_1' - T_1} (t - T_4)$$

Der Sicherheitsbestand ist in IB enthalten. Daraus ergeben sich aus den Gleichungen (10 d) und (25) durch Einsetzen in Gleichung (24) die

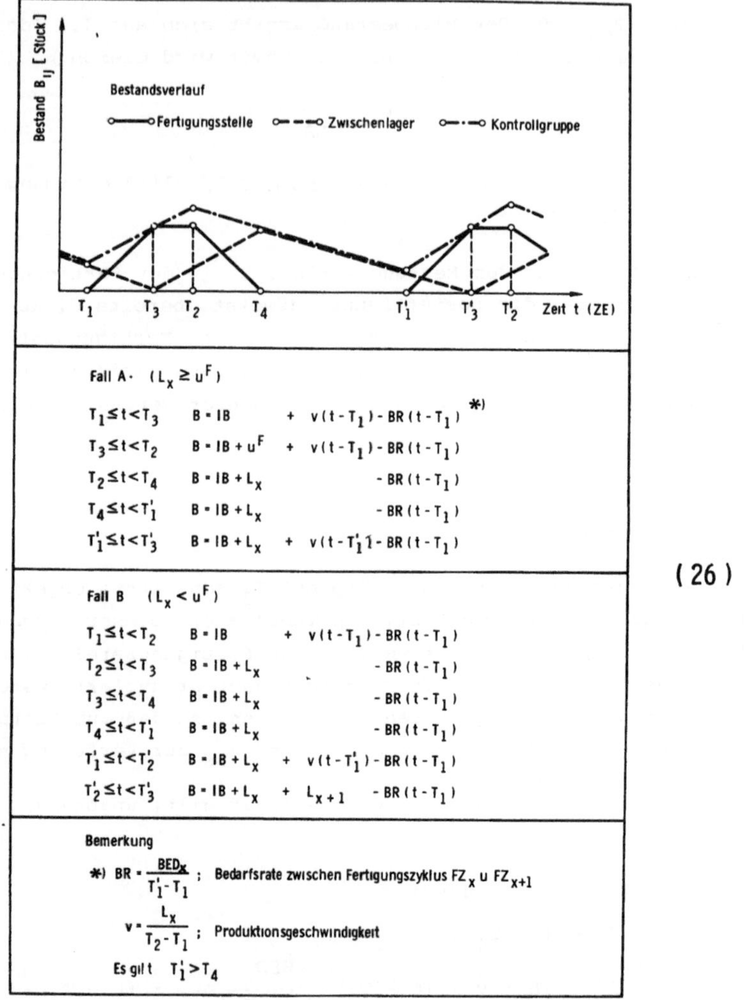

Tabelle 4: Bestandsverläufe in der Kontrollgruppe

expliziten Bestandsverläufe für die Kontrollgruppe für die Fälle A und B. Tabelle 4 mit dem Bild stellen die entsprechenden Ausdrücke dar.

Zur Berechnung des Planbestandes hängt es davon ab, wie der Beginn des Planungszyklus auf den Ablauf des Fertigungszyklus trifft. Für $T_1 \leq t_k < T_3$ (Bild 38) ist bei Fall A die Fülldauer $T_{FU} = T_3 - T_1$, daher ist $u^F = 0$. Da der Fertigungszyklus FZ = n · PZ (mit n = 2 im Bild 38) ist, kann

$$\frac{BED_x}{T_1' - T_1} = \frac{\sum_k^{k+n-1} BED_k}{n \cdot PZ} = \frac{\widetilde{BED}_k}{n \cdot PZ} = BR \qquad (27)$$

geschrieben werden, so daß mit Gleichung (20) aus Gleichung (21) der Planbestand zu

$$PB_k\ (t_k) = IB + v_k\ (t_k - T_1) - BR\ (t_k - T_1) \qquad (28a)$$

wird.

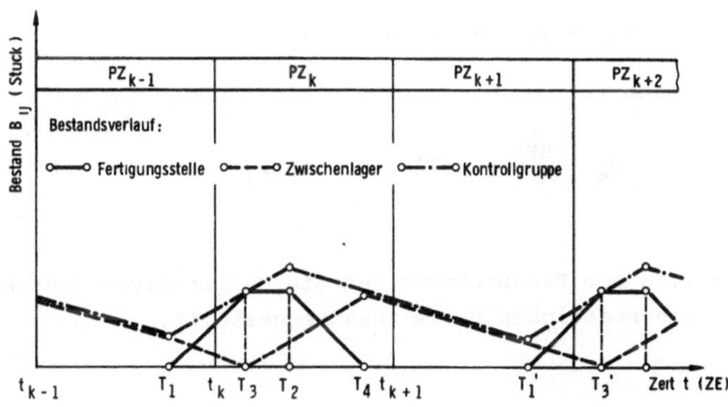

Bild 38: Bestandsverläufe in der Kontrollgruppe in einem Planungszyklusraster

Wegen Gleichung (27) ist

$$PB_k = v_k(t_k - T_1) + \frac{\widetilde{BED}_k}{n \cdot PZ}\ (T_3 - t_k) + u_{LS} \qquad (28b)$$

Für $T_3 \leq t_k < T_2$ (ohne Abbildung) wird bei Fall A $T_{FU} = 0$. Der Umlaufanteil u^F in der Fertigungsstelle ist voll vorhanden, so daß

$$PB_k = u^F + u_{LS} + (v_k - \frac{\widetilde{BED}_k}{n \cdot PZ}) \cdot (t_k - T_3) \qquad (28c)$$

Für $T_2 \leq t_k < T_4$ wird Gleichung (20) zu:

$$IB = u_{LS} - BR\ (T_4 - T_3)$$

und $L_x = BR\ (T_3' - T_3)$, so daß mit Gleichung (26)

$$PB_k = IB + L_x - BR\ (t_k - T_4)$$

der Planbestand zu:

$$PB_k = \frac{\widetilde{BED}_k}{n \cdot PZ}\ (T_3' - t_k) + u_{LS} \tag{28d}$$

wird.

Für $T_4 \leq t_k < T_1'$ wird Gleichung (20) zu:

$$IB = u_{LS} - BR\ (T_4 - T_3)$$

und $L_x = BR\ (T_3' - T_3)$, so daß mit Gleichung (26)

$$PB_k = IB + L_x - BR\ (t_k - T_4)$$

der Planbestand zu:

$$PB_k = \frac{\widetilde{BED}}{n \cdot PZ}\ (T_3' - t_k) + u_{LS} \tag{28e}$$

wird.

Im Anhang sind die Planbestände und die qualitativen Bestandsverläufe für die restlichen Fälle zusammengestellt.

5 DIE ERPROBUNG DER VORGEHENSWEISE ZUR PLANUNG UND STEUERUNG DES UMLAUFBESTANDES IN EINEM AUSGEWÄHLTEN AUTOMOBILUNTERNEHMEN

5.1 VORBEMERKUNG

In diesem Kapitel soll als Schwerpunkt innerhalb der Funktionsgruppe "Mengenplanung" die Planung und Kontrolle des Umlaufbestandes erprobt werden. Diese Erprobung bezieht sich nur auf eine eingeschränkte Realisierung des Gesamtsystems. Das hat folgende Gründe:

- o Ein mit der Fahrzeugproduktion unverhältnismäßiges Ansteigen des Umlaufbestandes im untersuchten Unternehmen zwingt zu einer kurzfristigen Erprobung des Systems mit dem Ziel einer deutlichen Senkung des Umlaufbestandes.
- o Die Erprobung soll kurzfristig ohne aufwendige EDV-Unterstützung mit einem manuellen Verfahren in Teilbereichen des untersuchten Unternehmens vorgenommen werden.

5.2 DARSTELLUNG DER SITUATION

Das Automobilunternehmen hat im Jahr 1977 einen Umsatz von ca. 4 200 Mio DM erzielt und dabei 472 200 Fahrzeugeinheiten bei vier unterschiedlichen Fahrzeugtypen produziert. Das entspricht einer durchschnittlichen Produktion von 1 992 Fahrzeugen pro Arbeitstag. Am Ende des Jahres 1977 waren 37 800 Mitarbeiter in diesem Unternehmen beschäftigt. Der Marktanteil am Gesamtmarkt des Herstellerlandes betrug im Jahr 1977 über 50 %.

Erschwerte Situationen auf dem Lieferantenmarkt, ein leichter Umsatzrückgang und das Hinzukommen eines neuen Wettbewerbers, veranlaßten das Unternehmen zu grundsätzlichen Überlegungen über die Anforderungen an ein neues Produktionsplanungs- und Steuerungssystem. Als Schwerpunkt sollte dabei die Beeinflussung der Vorräte, insbesondere des Umlaufbestandes im Fertigungsbereich untersucht werden.

Wie aus Bild 39 ersichtlich ist, hatten die Vorräte innerhalb des Umlaufvermögens ab 1976 einen steigenden Verlauf. Der Anstieg der Vorräte von 1976 auf 1977 wird im wesentlichen durch den Anstieg des Umlaufbestandes im Fertigungsbereich verursacht.

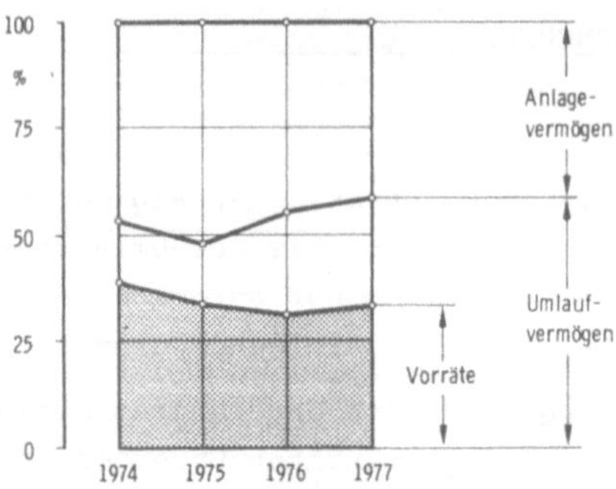

Bild 39: Entwicklung der Bilanzwerte von 1974 - 1977 /76/

Tabelle 5 zeigt diesen Zusammenhang bei vergleichbaren Werten der Vorräte in beiden Jahren.

Vorräte % \ Jahr	1976	1977
Roh-, Hilfs- und Betriebsstoffe	57,3	58,1
Umlaufbestand	20,7	25,2
Fertigerzeugnisse	22,0	16,7

Tabelle 5: Anteile am Vorrätevermögen /39/

Die Prozentwerte der Umlaufbestände sind jeweils Jahresinventurwerte und können daher die Entwicklung des Umlaufbestandes innerhalb des Jahres nicht widerspiegeln.

Dagegen sind in Bild 40 die Umlaufbestände im Fertigungsbereich mit den monatlich vom Rechnungswesen ausgewiesenen Werten als Veränderungsgrößen /39/ zum Basiswert des Monats Dezember 1976 (≙ 100 %) dargestellt. Es können bis zu 100 % Schwankungsbreiten entstehen; das Produktionsprogramm weist über den gleichen Zeitraum solche Schwankungen nicht auf.

Der Umlaufbestand wird beim untersuchten Unternehmen auf Materialkostenbasis ausgewiesen. Da der Materialkostenanteil an den Herstellkosten der Fahrzeugtypen über 70 % ausmacht (Bild 41), stellen auch für die vorliegende Untersuchung die Materialkosten die geeignete Wertgröße für den Umlaufbestand dar.

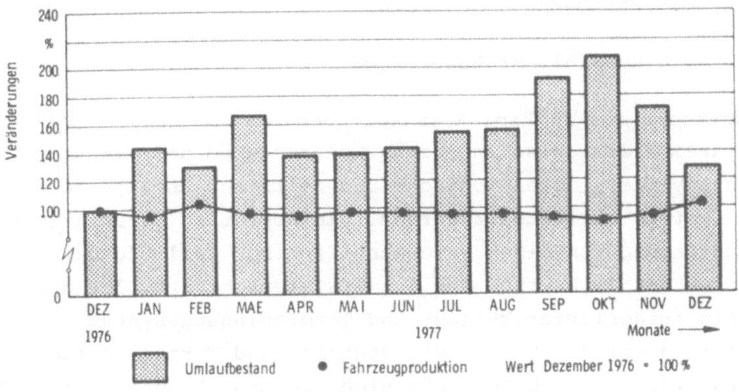

Bild 40: Entwicklung des Umlaufbestandes und der Fahrzeugproduktion

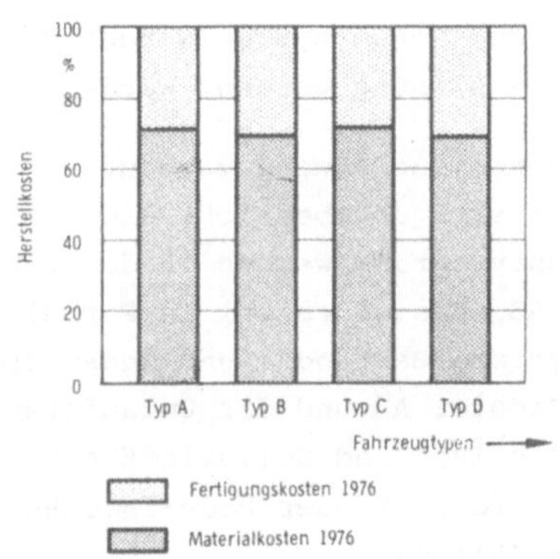

Bild 41: Material- und Fertigungskostenanteile der Herstellkosten von Fahrzeugtypen

Die geschilderte Situation zeigt deutlich die Notwendigkeit, die unkontrollierte Entwicklung von Umlaufbeständen durch ein erweitertes Produktionsplanungs- und Steuerungssystem zu vermeiden. Ein erster Schritt hierzu ist die im folgenden beschriebene Erprobung.

5.3 DIE ERPROBUNG

5.3.1 Die Auswahl der Subsysteme

Die Subsysteme des in Kap. 3 entworfenen Gesamtsystems repräsentieren in ihrem hierarchischen Aufbau Teilaufgaben des Planungs- und Steuerungssystems, deren logische und zeitliche Abfolge durch die Struktur des Systems dargestellt werden. Die Erprobung beschränkt sich auf die Durchführung von einer Untermenge solcher Teilaufgaben, so daß sich ein echtes Teilsystem des Gesamtsystems ergibt. Ist das Gesamtsystem ein integriertes Mengen- und Terminplanungssystem, bei dem der Umlaufbestand bei der Bestands-, Bedarfs- und Terminrechnung berücksichtigt werden soll, beschränkt sich die Erprobung auf die Betrachtung des Umlaufs innerhalb der Bestands- und Bedarfsrechnung. Dies genügt, um die Auswirkungen des Umlaufbestandes als Einflußgröße auf den Planungsprozeß und sein Verhalten im Fertigungsbereich kurzfristig erkennen zu können. Aus dem Gesamtsystem werden daher die Subsysteme ausgewählt, die der Mengenplanung gerecht werden.

In Bild 42 ist die vorgenommene Abwahl verdeutlicht. Alle Informationen aus dem Realsystem (Fertigungsbereich) wie Ist-Daten, neutrale Daten und das Produktionsprogramm werden in den Subsystemen AA (Istdatenaufbereitung) und AB (Basisdateien) in Formularen und Listen bereitgestellt. Die Subsysteme Bestands- und Bedarfsrechnung (AC und AD) liefern der Bestandsdatei AD und der Umlaufsteuerung die Grundinformationen in Form von Ist- und Sollumlaufbestand. Die Berechnung der Sollumlaufbestände erfolgt in der Bedarfsrechnung und stellt die Anwendung der Gleichung (21) dar.

Die ebenfalls auf Formularen ermittelten Abweichungen aus dem Soll-Ist-Vergleich ermöglichen zusammen mit den Störmeldungen aus der Kontrollgruppe eine Ursachenanalyse des Entstehens von überhöhten Umlaufbeständen. Hierzu ist die Kenntnis der Struktur des Materialflusses über die entsprechenden Kontrollgruppen aus den Basisdateien AB erforderlich.

Die Einleitung der Maßnahmen zur Senkung des Umlaufbestandes erfolgt bei der Erprobung durch Gespräche mit den jeweiligen Verantwortlichen in den einzelnen verursachenden Kontrollgruppen.

Im folgenden werden die ausgewählten Subsysteme, aus denen sich das Erprobungssystem zusammensetzt, näher erläutert.

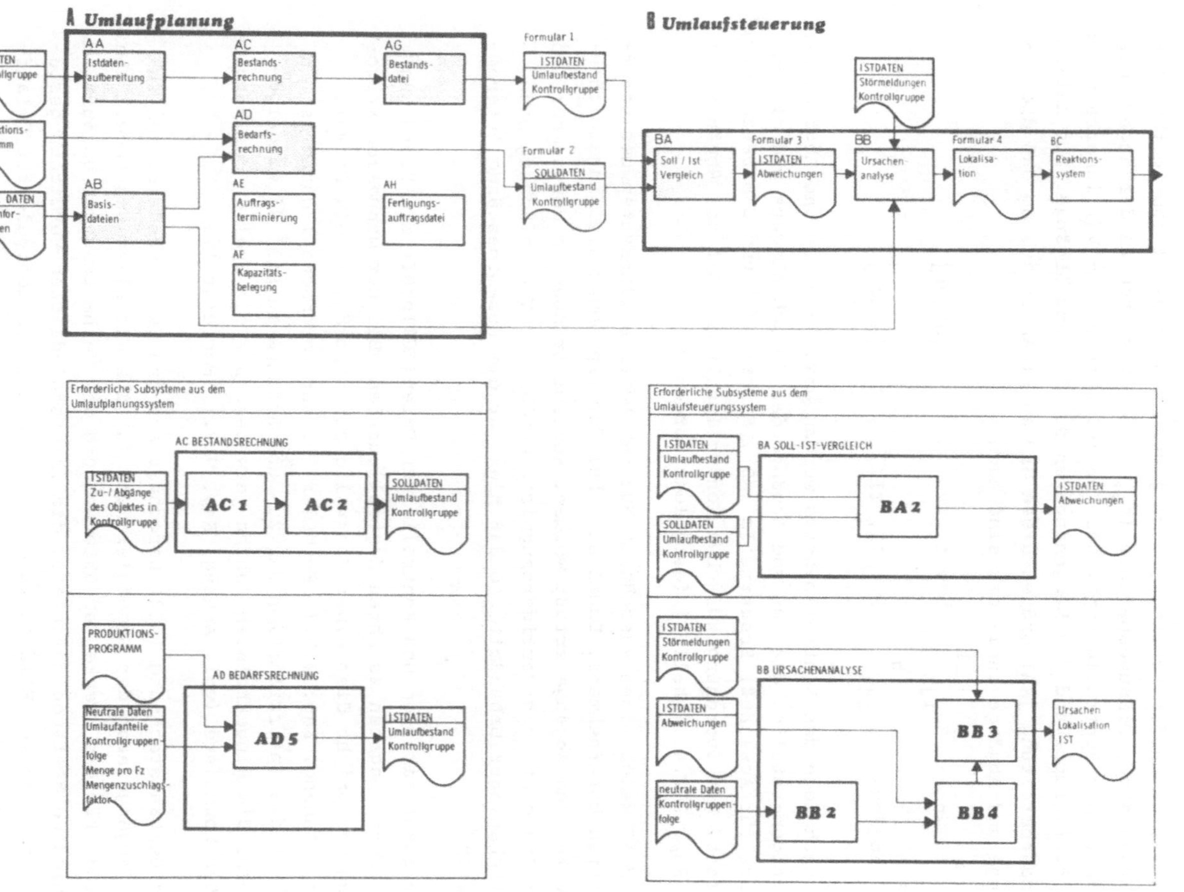

Bild 42: Abwahl der Subsysteme für die Erprobung

5.3.2 Diskussion der ausgewählten Subsysteme

Die Ist-Daten der Kontrollgruppe j über das Objekt i zum Zeitpunkt k am Ende einer Planungsperiode $(t_{k+1} - t_k)$ bestehen in der Angabe des Objekts der Kontrollgruppe, der Kontrollpunkte (I - VI) innerhalb der Kontrollgruppe und den Mengenangaben der Zu- und Abgänge. Die Ist-Datenaufbereitung (AA) ordnet diese Größen einander zu, so daß die Zugänge und Abgänge indiziert sind nach

Zugänge: Zu_{ijk}^{h} h = I, IV [Stück]

Abgänge: Ab_{ijk}^{h} h = II, III, V, VI [Stück]

Je nach Lage des Kontrollpunktes werden damit die Zu- und Abgänge der Fertigungsstelle, die Zu- und Abgänge des Zwischenlagers und die Abgänge für Ausschuß, Ersatzteile (KD), Export (EX) und CKD-Sätze (CKD)* erfaßt. Die Zuordnung zwischen Kontrollpunkt und Art der Abgänge ist in Kap. 3.2.4, Tabelle 1 festgelegt worden.

Bild 43 zeigt einen Ausschnitt aus dem Materialflußsystem des untersuchten Unternehmens. Dabei sind bei der Erprobung die eingezeichneten Zu- und Abgänge erfaßt worden. Kontrollgruppen im Montagebereich der Aggregate und Fertigerzeugnisse werden zur Vereinfachung ohne Zwischenlager behandelt, so daß hier nur die Gesamtbestände interessieren.

Die Identifikation und Kontrolle der Daten(AC1)prüft die Zuordnung der Mengenangaben zu ihren Kontrollpunkten. Bei der manuellen Erprobung entspricht dies einer Kontrolle der Einträge in ein Formular (vgl. Anhang, Kap. 9.2.1, Formular 1). Zur Veranschaulichung ist in Tab. 6 die Interpretation der Zu- und Abgänge in Bild 43 wiedergegeben, die eingekreisten Zahlen verweisen auf die Spalten der verwendeten Formulare (vgl. Anhang, Kap. 9.2.1, Formular 1).

Die Bestandsrechnung (AC2) berechnet aus den Bewegungsdaten der Zu- und Abgänge nach der Grundgleichung (3) die aktuellen Bestände. Dabei werden für die Zwecke der Untersuchung des Verhaltens des Umlaufs verschiedene Bestände definiert, die unterschiedlichen Verdichtungsstufen entsprechen. Bild 43 zeigt die ebenfalls so festgelegten Umlauf-

---

* CKD (completely knocked down) stellt einen Satz von Aggregaten und Teilen dar, der für den weiteren Zusammenbau außerhalb des Werkes bestimmt ist.

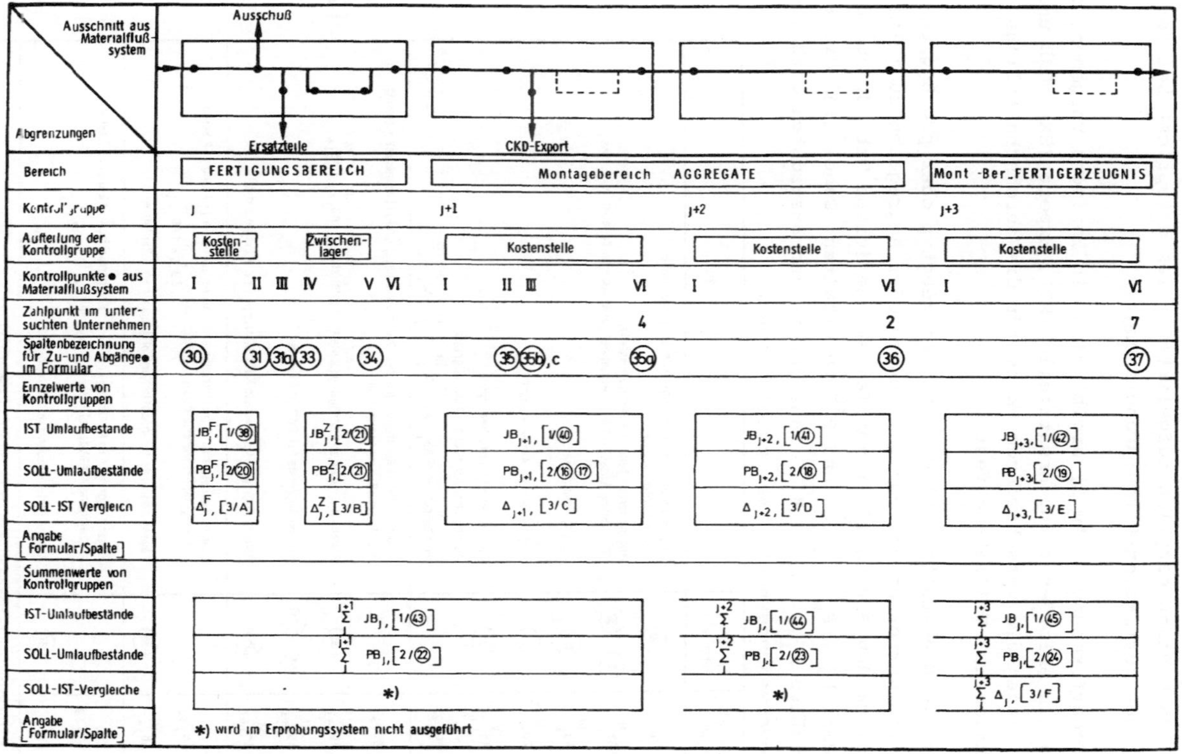

Abgrenzungen / Ausschnitt aus Materialflußsystem	Ausschuß ; Ersatzteile		CKD-Export		
Bereich	FERTIGUNGSBEREICH		Montagebereich AGGREGATE		Mont.-Ber. FERTIGERZEUGNIS
Kontrollgruppe	j		j+1	j+2	j+3
Aufteilung der Kontrollgruppe	Kostenstelle	Zwischenlager	Kostenstelle	Kostenstelle	Kostenstelle
Kontrollpunkte ● aus Materialflußsystem	I II III	IV V VI	I II III VI	I VI	I VI
Zählpunkt im untersuchten Unternehmen			4	2	7
Spaltenbezeichnung für Zu- und Abgänge ● im Formular	(30) (31) (31a) (33)	(34)	(35) (35b),c (35a)	(36)	(37)
Einzelwerte von Kontrollgruppen					
IST Umlaufbestände	JB^F_j, [1/(38)]	JB^Z_j, [2/(21)]	JB_{j+1}, [1/(40)]	JB_{j+2}, [1/(41)]	JB_{j+3}, [1/(42)]
SOLL-Umlaufbestände	PB^F_j, [2/(20)]	PB^Z_j, [2/(21)]	PB_{j+1}, [2/(16)(17)]	PB_{j+2}, [2/(18)]	PB_{j+3}, [2/(19)]
SOLL-IST Vergleich	Δ^F_j, [3/A]	Δ^Z_j, [3/B]	Δ_{j+1}, [3/C]	Δ_{j+2}, [3/D]	Δ_{j+3}, [3/E]
Angabe [Formular/Spalte]					
Summenwerte von Kontrollgruppen					
IST-Umlaufbestände	$\sum_j^{j+1} JB_j$, [1/(43)]			$\sum_j^{j+2} JB_j$, [1/(44)]	$\sum_j^{j+3} JB_j$, [1/(45)]
SOLL-Umlaufbestände	$\sum_j^{j+1} PB_j$, [2/(22)]			$\sum_j^{j+2} PB_j$, [2/(23)]	$\sum_j^{j+3} PB_j$, [2/(24)]
SOLL-IST-Vergleiche	*)			*)	$\sum_j^{j+3} \Delta_j$, [3/F]
Angabe [Formular/Spalte]	*) wird im Erprobungssystem nicht ausgeführt				

Bild 43: Erforderliche Abgrenzungen und Größen für das Erprobungssystem

bestände. Tab. 7 faßt die Definitionsgleichungen hierfür zusammen.

Die so ermittelten Ist-Umlaufbestände werden in der Bestandsverwaltung (AG) nach Planungszyklen aufgelistet. Dies entspricht bei der Erprobung der vertikalen Formularanordnung.

Für die Bedarfsrechnung (AD 5) ergibt sich ein analoges Vorgehen. Die verschiedenen Anforderer für Ersatzteile (KD), Export (EX), CKD und Serie (S) legen die verschiedenen Werte für die durchschnittliche Tagesproduktion auf Teileebene fest.

Dabei ist die Einbaustückzahl M_{ij} pro Fahrzeugtyp oder pro Aggregat mit der geforderten Anzahl von Fahrzeugen oder Aggregaten zu multiplizieren, um den Bruttobedarf auf Teileebene (siehe Tab. 8) aus dem Primärbedarf P_k^S, P_k^{CKD}, P_k^{EX} und P_k^{KD} zu erhalten. Dabei sind die Einbaustückzahlen M_{ij}^S, M_{ij}^{EX}, M_{ij}^{CKD} aus der in den Basisdaten enthaltenen Teileverwendungsnachweisen zu entnehmen.

Zu- und Abgänge*)	Spalte im Formular 1	Bemerkungen
Zu_j^{I}	(30)	Zugang Rohteile in Fertigungsstelle (≙ Kostenstelle) und in Kontrollgruppe j
Ab_j^{II}	(31) + (32)	Abgang fertige Teile aus Fertigungsstelle, 32 = Abgang Ausschuß As_j, Anteil der verwendbaren Teile ist $Ab_j^{II} - As_j$
Ab_j^{III}	(31a)	Abgang Ersatzteile
Zu_j^{IV}	(33)	Zugang Teile im Zwischenlager
Ab_j^{V}	(34)	Abgang Teile im Zwischenlager
Ab_j^{VI}		Abgang Teile fur nächste Kontrollgruppe j + 1, wird berechnet $= Ab_j^{I} - As_j - Ab_j^{III} - Zu_j^{IV} + Ab_j^{V}$
Zu_{j+1}^{I}		Zugang Teile in Kontrollgruppe j+1 Wenn zwischen j und j+1 keine Verzweigung des Materialflusses vorliegt, gilt $Zu_{j+1}^{I} = Ab_j^{VI}$
Ab_{j+1}^{II}	(35)	Abgang Aggregate aus Fertigungsstelle (≙ Kostenstelle) $= Ab_{j+1}^{III} + Ab_{j+1}^{VI}$
Ab_{j+1}^{III}	(35b) + (35c)	Abgang Aggregate fur CKD und Export
Ab_{j+1}^{VI}	(35a)	Abgang Aggregate fur nächste Kontrollgruppe j + 2 (Zählpunkt 4)
Zu_{j+2}^{I}		Zugang Aggregate in Kontrollgruppe j + 2 Wenn zwischen j + 1 und j + 2 keine Verzweigung des Materialflusses vorliegt, gilt $Zu_{j+2}^{I} = Ab_{j+1}^{VI}$
Ab_{j+2}^{VI}	(36)	Abgang Aggregate fur nächste Kontrollgruppe j + 3 (Zählpunkt 2)
Zu_{j+3}^{I}		Zugang Aggregate in Kontrollgruppe j + 3 Wenn zwischen j + 2 und j + 3 keine Verzweigung des Materialflusses vorliegt, gilt $Zu_{j+3}^{I} = Ab_{j+2}^{VI}$
Ab_{j+3}^{VI}	(37)	Abgang Fertigerzeugnisse (Zählpunkt 7)

*) Zur Vereinfachung sind die gleichbleibenden Indizes i, k weggelassen

(29)

Tabelle 6: Zordnung von Kontrollpunkt und Spalten im Ist-Daten-

Der Gesamtbruttobedarf auf Teileebene in einer Kontrollgruppe ist dann

$$PP = PP^{S} + PP^{CKD} + PP^{ES} + PP^{KD} \text{ (bei gleichen i,j und k).} \quad (32)$$

Aus der Basisdatei werden die unterschiedlichen Umlaufanteile pro Objekt und Kontrollgruppe als Sollgröße entnommen (u_{FF}, u_{FD}, p_{FS}, p_{LS}; Definition vgl. Kap. 4.3).

Spalte im Formular 1	Umlaufbestand (Ist), Bezeichnung	Definitionsgleichung *)
(38)	Bestand Fertigungsstelle ≙ Kostenstelle in Kontrollgruppe j	$IB_j^F = IB_{jk-1}^F + Zu_j^I - Ab_j^{II}$
(39)	Bestand Zwischenlager in Kontrollgruppe j	$IB_j^Z = IB_{jk-1}^Z + Zu_j^{IV} - Ab_j^V$
(40)	Bestand Kontrollgruppe j+1 im Montagebereich Aggregate (ZP4)	$IB_{j+1} = IB_{j+1,k-1} + Ab_j^{VI} - Ab_{j+1}^{II}$
(41)	Bestand Kontrollgruppe j+2 im Montagebereich Aggregate (ZP2)	$IB_{j+2} = IB_{j+2,k-1} + AB_{j+1}^{VI} - Ab_{j+2}^{VI}$
(42)	Bestand Kontrollgruppe j+3 im Montagebereich Fertigerzeugnisse (ZP7)	$IB_{j+3} = IB_{j+3,k-1} + Ab_{j+2}^{VI} - Ab_{j+3}^{VI}$
(43)	Gesamtbestand bis zum Zahlpunkt 4	$IB_{ZP4} = IB_j^F + IB_j^Z + IB_{j+1}$
(44)	Gesamtbestand bis zum Zahlpunkt 2	$IB_{ZP2} = IB_{ZP4} + IB_{j+2}$
(45)	Gesamtbestand bis zum Zahlpunkt 7	$IB_{ZP7} = IB_{ZP2} + IB_{j+3}$

*) Zur Vereinfachung sind die gleichbleibenden Indizes i,k weggelassen

(30)

Tabelle 7: Ermittlung der Ist-Bestände in den Kontrollgruppen

Einheiten	Primarbedarf Zeitpunkt t_k	Menge Objekt i pro Einheit	Bruttobedarf Objekt i (Teileebene) Stuck	Spalte in Formular 2
Fahrzeuge-Serie (S)	P_k^S [Anzahl Fahrzeuge]	M_{ij}^S [Stuck / Fahrzeug]	$PP_{ijk}^S = P_k^S \cdot M_{ij}^S$	(6)
CKD (CKD)	P_k^{CKD} [Anzahl CKD-Einheit]	M_{ij}^{CKD} [Stuck / CKD-Einheit]	$PP_{ijk}^{CKD} = P_k^{CKD} \cdot M_{ij}^{CKD}$	(7)
Export (EX)	P_k^{EX} [Anzahl Aggregate]	M_{ij}^{EX} [Stuck / Aggregat]	$PP_{ijk}^{EX} = P_k^{EX} \cdot M_{ij}^{EX}$	(8)
Ersatzteile (KD)	P_k^{KD} [Anzahl Teile]		$PP_{ijk}^{KD} = P_k^{KD}$	(9)

(31)

Tabelle 8: Ermittlung des Bruttobedarfs auf Teileebene für die Erprobung

Bei dem in Bild 43 gezeigten Ausschnitt sind diese Werte nur für die erste Kontrollgruppe vorgegeben. Für die nachfolgenden Kontrollgruppen wird jeweils ein produktionsprogrammunabhängiger Umlaufbestand u_{Aj} festgelegt. Diese Festlegung wird in Kap. 5.4.3 näher behandelt.

Die produktionsprogrammabhängigen Umlaufbestände und die programmunabhängigen Umlaufbestände ergeben sich für die Kontrollgruppe j bei der Fließfertigung aus der Gleichung (23), da für die nachfolgende Kontrollgruppe kein Bedarf für den Ausgleich zwischen wechselnden Fertigungsarten besteht.

Tab. 9 zeigt die so ermittelten Planbestände in gleicher Anordnung wie Tab. 7. Entsprechend sind diese Plangrößen in Bild 43 eingetragen.

Spalte im Formular 2	Umlaufbestand (Soll), Bezeichnung	Definitionsgleichung 1)
(20)	Planbestand Fertigungsstelle ≙ Kostenstelle in Kontrollgruppe j	$PB_j^F = u_{FF} + u_{FD} + \frac{p_{FS} \; PP_j (\sigma + 1)}{t_{k+1} - t_k}$ 2) 3)
(21)	Planbestand Zwischenlager in Kontrollgruppe j	$PB_j^Z = p_{LS} \; \frac{PP_j}{t_{k+1} - t_k}$
(16)	Planbestand Kontrollgruppe j + 1 im Montagebereich Aggregate (ZP2)	$PB_{j+1} = U_{AEX} + U_{ACKD} + U_{AZP4}$ 4)
(18)	Planbestand Kontrollgruppe j + 2 im Montagebereich Aggregate (ZP4)	$PB_{j+2} = U_{AZP2}$ 4)
(19)	Planbestand Kontrollgruppe j + 3 im Montagebereich Fertigerzeugnisse (ZP7)	$PB_{j+3} = U_{AZP7}$ 4)
(43)	Gesamtplanbestand bis zum Zahlpunkt 4	$PB_{ZP4} = PB_j^F + PB_j^Z + PB_{j+1}$
(44)	Gesamtplanbestand bis zum Zahlpunkt 2	$PB_{ZP2} = PB_{ZP4} + PB_{j+2}$
(45)	Gesamtplanbestand bis zum Zahlpunkt 7	$PB_{ZP7} = PB_{ZP2} + PB_{j+3}$

(33)

1) Zur Vereinfachung sind die Indizes i weggelassen
2) Gilt nur fur Fall 1, Gleichungen fur Fall 2 - 9 siehe Kap 4 6
3) Planbestand in Sicherheitspuffern berucksichtigt Ausschußfaktor σ
4) Werden produktionsprogrammabhängig festgelegt (siehe Kap 5 4 3)

Tabelle 9: Ermittlung der Planbestände in den Kontrollgruppen

Entsprechend der in Tab. 7 und Tab. 9 gezeigten Anordnungen werden im Soll/Ist-Vergleich (BA 2) die jeweiligen Abweichungen gebildet, d.h. es wird nach Gleichung (14) DB = IB - PB für alle i, j und k berechnet.

In Bild 43 sind die während der Erprobung gebildeten Abweichungen in der entsprechenden Spalte aufgeführt; aus Vereinfachungsgründen wurde dabei auf die verdichteten Abweichungen für die Zählpunkte 4 und 5 verzichtet.

Die Liste der Abweichungen stellt für den Erprobungsfall das Formular 3 (vgl. Kap. 9.2.3) dar.

Die in der "Verknüpfung zwischen den Kontrollgruppen" (BB 2) vorliegende Information ergibt sich beim vorliegenden Beispiel aus dem Aufbau von Formular 1 und 2, sowie aus den betrachteten Ausschnitten aus dem Materialflußsystem.

Bei dieser einfachen Struktur entfällt das Rückrechnen zwischen den Kontrollgruppen (BB 4) (Inhalt von Formular 3).

Das Subsystem "Spezifikation und Lokalisation der Ursachen" (BB 3) sucht nun die Kontrollgruppe mit den größten Abweichungen heraus und berücksichtigt dazu bereits etwa schon vorhandene Störmeldungen, um der Kontrollgruppe mit dem größten Überbestand die durch eine Störung diesen Überbestand verursachende Kontrollgruppe zuordnen zu können. Je nach Art der Störung kann diese Kontrollgruppe vor oder nach der Kontrollgruppe mit dem maximalen überhöhten Bestand liegen.

Formular 4 fixiert die verursachende Kontrollgruppe und stellt die Grundlage für das Gespräch mit den Kontrollgruppenverantwortlichen und für die verändernden Maßnahmen dar (vgl. Kap. 3.4.2.4).

5.4 ERLÄUTERUNG DES ABLAUFES ZUR ERPROBUNG

5.4.1 Auswahl der Kontrollobjekte und -gruppen

Für eine wirksame Erprobung werden solche Objekte ausgewählt, die einen hohen Umlaufbestand repräsentieren. Diese Auswahl geschieht mit Hilfe einer ABC-Analyse /68/ mit den Jahresverbrauchswerten auf Materialkostenbasis der Objekte. Als Basis für die Verbrauchswerte werden die verkauften Einheiten pro Jahr herangezogen. Da das Objektspektrum in einem Automobil-Unternehmen sehr umfangreich ist und eine Auswertung der Stücklisten über alle möglichen Fahrzeugvarianten im Rahmen der Erprobung einen nicht vertretbaren Aufwand darstellt, wurden die umsatzstärksten Fahrzeugausführungen innerhalb der Fahrzeugtypen ausgewählt.

Im ersten Schritt werden die Aggregate der Fahrzeugtypen aufgrund ihrer Materialkosten in eine absteigende Reihenfolge gebracht. Das Ergebnis ist in Bild 44 dargestellt. Gleichzeitig stellen diese Aggregate eine Abgrenzungseinheit für die Einteilung in Bild 44 dar.

Werden die mit den Materialkosten bewerteten Teile aus den Stücklisten der ausgewählten Abgrenzungseinheiten in eine Wertreihenfolge gebracht, so stellen dann die Teile mit den höchsten Werten einen Hinweis zur Festlegung von Kontrollobjekten dar.

Abgrenzungseinheit / Fahrzeugtyp	Chassis	Vorderachse	Getriebe	Motor	Karosse Rohbau	Karosse Fertigmontage	Sitze	Fahrzeug Endmontage
TYP A	23	13	10	2	15	4	17	3
TYP B	●	25	26	21	20	●	28	7
TYP C	24	16	11	9	14	1	19	5
TYP D	●	●	18	8	22	12	27	6
Summenreihenfolge	8	6	4	2	5	3	7	1

Legende ○ - Reihenfolge der Materialverbrauchswerte 1 = max Wert   ● - Abgrenzungseinheit bei diesem Fahrzeugtyp nicht vorhanden

Bild 44: Rangfolge der Jahresmaterialverbrauchswerte für die Abgrenzungseinheiten der Fahrzeugtypen

Aus den Fertigungsplänen der Eigenfertigungsteile und den Montageplänen der Aggregate- und Fahrzeugfertigung sind die angesprochenen Bearbeitungsstationen ersichtlich. Diese Bearbeitungsstationen werden entsprechend ihren Fertigungsarten zu Kontrollgruppen zusammengefaßt, so daß jede Kontrollgruppe nur aus hintereinanderliegenden Bearbeitungsstationen derselben Fertigungsart besteht.

Für die endgültige Festlegung der Kontrollobjekte und der Kontrollgruppen waren im untersuchten Unternehmen folgende Sachverhalte entscheidend:

- In den Abgrenzungseinheiten Fahrzeugendmontage und Karossenfertigmontage tragen wenige aber kostenintensive Kaufteile unverhältnismäßig viel zu den Materialkosten bei (z.B. stellen 6 Kaufteile beim Fahrzeugtyp B 40 % des Wertes in der Fahrzeugendmontage dar). Kurze Durchlaufzeiten von 1 - 3 Stunden und begrenzte Lagerflächen in diesen Montagebereichen lassen keine unkontrollierten Umlaufbestandsentwicklungen erwarten. Kontrollobjekte aus Kontrollgruppen dieser Abgrenzungseinheiten wurden daher nicht ausgewählt.
- Innerhalb der Teilefertigung ist der charakteristische Wert für den Umlaufbestand auf Objektebene bis zur Aggregatemontage nicht ausschließlich aus der Verbrauchswertanalyse zu erkennen. In Kap. 2.3.2 ist der Zusammenhang zwischen Materialwertefluß und Umlaufbestand der Kontrollgruppen in Bild 9 quantifiziert. Bei der Festlegung der Kontrollobjekte müssen die Umlaufbestände sowohl in den Fertigungsstellen als auch in den Zwischenlägern berücksichtigt werden. Wie in Kap. 4 gezeigt wurde, sind diese Bestände dann fertigungsablaufbedingt, wenn Kontrollgruppen mit Fertigungsarten der Los- und Fließfertigung aufeinander treffen. Eine Analyse des untersuchten Unternehmens nach solchen Zwischenlagerbeständen ist zuvor durchgeführt worden /57/ und wurde bei der Auswahl der Kontrollgruppen und -objekte herangezogen.
- Im untersuchten Unternehmen stellte sich heraus, daß die Organisationseinheit "Kostenstelle" und das ihr zugeordnete Zwischenlager für die Erprobung als Kontrollgruppe verwendet werden kann.

Für das Erprobungsverfahren wurden als Kontrollobjekte

- 36 Teile aus dem Bereich der spanenden Fertigung und
- 48 Teile aus dem Bereich der spanlosen Fertigung

ausgewählt.

Für diese Kontrollobjekte wurde eine Bestandsinventur zum Monatsende durchgeführt. Dabei ergab sich ein Anteil am gesamten Umlaufbestand im Fertigungsbereich von 10,8 %, wobei der gesamte Umlaufbestand von der Betriebsbuchhaltung ausgewiesen wird /77/.

In Bild 45 sind die Kontrollobjekte aus dem Bereich der spanenden Fertigung aufgelistet.

Kosten-stelle	Benennung der Kostenstelle	Kontrollobjekte Benennung der Teile	Anzahl Kontroll-objekt	Kontrolle in Kostenstelle vollständig	Kosten-stelle	Benennung der Kostenstelle	Kontrollobjekte Benennung der Teile	Anzahl Kontroll-objekt	Kontrolle in Kostenstelle vollständig
1119	Pleuel	Pleuelstange	1	nein					
1122	Motor - Kleinteile (Luft)	Schwinghebel	1	nein	1145	Kurbelwelle (Wasser)	Kurbelwelle 1 5 Kurbelwelle 1,6	1	ja
1123	Kurbelgehäuse (Luft)	Kurbelgehäuse links Kurbelgehäuse rechts	2	ja	1146	Schwungrad (Wasser)	Schwungrad	1	ja
1124	Zylinderkopf (Luft)	Zylinderkopf 1 3 Zylinderkopf 1,5 Zylinderkopf 1 6	3	nein	1148	Nocken- und Zwischenwelle (Wasser)	Nockenwelle	1	ja
1125	Kurbelwelle (Luft)	Kurbelwelle	1	ja	1162	Hauptwelle	Hauptwelle Schaltrad	2	nein
1126	Schwungrad (Luft)	Schwungrad 1,3 Schwungrad 1 6 Schwungrad 1 3 KD	3	ja	1164	Ausgleichsgetriebe-gehause	Differentialgehäuse (Wasser) Differentialgehäuse (Luft) Differentialgehäuse KD	3	ja
1127	Zylinder (Luft)	Zylinder 1,3 Zylinder 1,5 Zylinder 1,6	3	ja	1165	Tellerrad und Triebling	Antriebswelle Tellerrad Flanschwelle (Wasser) Flanschwelle (Luft)	4	nein
1143	Zylinderkurbel-gehäuse (Wasser)	Kurbelgehäuse 1 3 Kurbelgehäuse 1 5 Kurbelgehäuse 1 6	3	ja	1168	Getriebegehäuse	Differentialflansch (Wasser) Differentialflansch (Luft) Getriebegehäuse Getriebedeckel Abschlußdeckel	5	nein
1144	Zylinderkopf (Wasser)	Zylinderkopf 1,3 Zylinderkopf 1 5 Zylinderkopf 1,6	2	ja					

Legende (Luft) - Luftgekuhlter Motor, (Wasser) - Wassergekuhlter Motor

Bild 45: Ausgewählte Kontrollobjekte im Bereich der spanenden Fertigung

5.4.2 Beschreibung des Kontrollverfahrens

Die in Kap. 4.5.1 aufgezeigten Kombinationsfolgen der Fertigungsarten (Bild 36) lassen sich ohne Berücksichtigung der Unterschiedlichkeit von Planungszyklus und Fertigungszyklus in zwei Klassen einteilen: Die erste Klasse umfaßt die Fälle, bei denen die erstfertigende Kontrollgruppe nur Fließfertigung vorsieht (Fall 1- 3), während die zweite Klasse die Fälle mit der Losfertigung für die erstfertigende Kontrollgruppe (Fall 4 - 9, nach Bild 36) umfaßt. Diese beiden Klassen nehmen auf die manuelle Errechnung des Planumlaufs und die Ermittlung der Soll-Ist-Abweichungen grundsätzlichen Einfluß. Daher wurden für die beiden Klassen von Fällen zwei unterschiedliche Formularsätze gestaltet.

Die Aussagen in beiden Formularsätzen beziehen sich

- o in Formular 1 auf das Erfassen und Ermitteln von Istwerten zum Umlaufbestand
- o in Formular 2 auf das Ermitteln von Sollwerten des Umlaufbestandes (Planbestände)
- o in Formular 3 auf die Durchführung des Soll-Ist-Vergleichs und
- o in Formular 4 auf die Ursachenfindung und Einleitung der Reaktionen.

Für die ausgewählten Kontrollobjekte dominieren die Fälle 1 und 4. In den Montagebereichen kann von einer aneinandergereihten Fließfertigung und somit Fall 1 ausgegangen werden. Des weiteren tritt der Fall 1 vorwiegend im spanenden Fertigungsbereich auf (z.B. Kurbelgehäusefertigung bis zur Motorenmontage), während der Fall 4 vorwiegend im spanlosen Fertigungsbereich (z.B. Preßwerkteile bis zum Rohbau) vorkommt. Aus dem Arbeitsbericht /57/, in dem beide Formularsätze erläutert werden, ist in der Anlage (vgl. Kap. 9.2) der Formularsatz für die erste Klasse von Fällen wiedergegeben.

Für die Erfassung der Ist-Daten an den Kontrollpunkten I - VI (nach Bild 18) ist es im Rahmen der Erprobung zweckmäßig, auf schon bestehende Informationssysteme im Fertigungsprozeß zurückzugreifen. So boten sich z.B. für die Kontrollgruppen im Fertigungsbereich für die Bestandsermittlung im Zwischenlager die Zu- und Abgangsmeldungen (Kontrollpunkt IV und V) der schon bestehenden Zwischenlagerverwaltung an. Abgangsmeldungen (Kontrollpunkt II) der Fertigungsstelle für sog. O.K.-Teile und Ausschuß konnte ebenfalls aus den schon vorhandenen Inspektionsberichten entnommen werden. Im Montagebereich kann auf die schon vorhandene Organisation der Zählpunkte (ZP) für die Erfassung an den Kontrollpunkten VI zurückgegriffen werden. Tabelle 10 listet solche Zählpunkte auf.

Zählpunkt	Fertig montierte Objekte
ZP 2	Vorderachse
ZP 3	Getriebe
ZP 4	Motor
ZP 5	Karosse (Rohbau)
ZP 6	Karosse (Innenausbau)
ZP 7	Fahrzeug

Tabelle 10: Zuordnung von Objekt und Zählpunkt

Für die Erprobung stehen zu Beginn t_k der Planungsperiode k (z.B. Montag bei PZ = 1 Woche) die Zu- und Abgangsinformationen aus den Kontrollgruppen (vgl. Tab. 6) aus der Planungsperiode k-1 zur Verfügung, so daß gemäß Kap. 5.3.2 die Ist-Umlaufbestände ermittelt werden können. Die Planung erfolgt dann für die Planungsperiode k. Am Ende der Planungsperiode (z.B. Freitag) wird der Ist-Zustand für die Periode k erfaßt. Zu Beginn der neuen Planungsperiode k+1 werden der

Soll-Ist-Vergleich für die Planungsperiode k durchgeführt und für die Planungsperiode k+1 die Planumlaufwerte neu festgelegt. In dieser Zeitabfolge soll der vertikale Aufbau der Formulare 1 - 4 verstanden werden. Analoges gilt für das Vorgehen für die Fälle der zweiten Klasse.

5.4.3 Festlegung der einzelnen Umlaufanteile

In Kap. 5.3.2 wurde für die Erprobung aufgezeigt, wie die Planumlaufbestände eines Objektes in den Kontrollgruppen entsprechend der Materialflußstruktur verknüpft werden können. Damit ergibt sich die Möglichkeit, für ein Objekt (z.B. Einzelteil) den Gesamtumlaufbestand vom Eingang in den Fertigungsbereich als Rohmaterial bis zum Ausgang in einem Fahrzeug zu errechnen.

Im Montagebereich werden bei der Festlegung der Planumlaufbestände die Umlaufanteile als kontinuierlich und in der Summe konstant angenommen, da für diesen Bereich als Fertigungsart Fließfertigung und keine großen Produktionsprogrammschwankungen unterstellt werden. Für die Erprobungszwecke genügt eine pauschale Festlegung der Größen

u_{FF} ergibt sich aus der Belegung der Montagelinie und ist fix vorgegeben.

u_{FD} entspricht der Anzahl von Teilen i in den Aggregaten, die sich in den Verkettungseinrichtungen befinden und hängt von der Länge der Verkettung ab. Die Verkettung hat weiterhin Taktzeitunterschiede zur nächsten Kontrollgruppe auszugleichen und wird daher nach den einmal zu ermittelnden durchschnittlichen Taktzeitunterschieden dimensioniert. Sei der mittlere Taktzeitunterschied Δt, dann muß dieser Bestand mindestens

$$u_{FS} > \max. \left[v_{ijk} \cdot \Delta t, \begin{array}{l} \text{maximale Menge in der Verkettung} \\ \text{zur Kontrollgruppe } j+1 \end{array} \right]$$

betragen. In der Praxis wird dieser Wert meist überschritten /62, 63/.

$u_{FS}+u_{LS}$ entspricht dem Sicherheitsbestand an fertigen Aggregaten, wieder ausgedrückt auf Teileebene, um Störungen der Aggregatemontagelinie ausgleichen zu können. Die Dimensionierung dieses Puffers (ein gesonderter Pufferbestand zwischen den

Bearbeitungsstationen entfällt in den Montagebereichen) ergibt sich nach /74/ aus der mittleren Stördauer und dem mittleren Abstand der Störungen und wird beim Erprobungssystem aus Vergangenheitswerten abgeschätzt.

Aus diesen einzelnen Anteilen setzt sich der Aggregateumlauf u_A zusammen. Der Planbestand ist bei der angenommenen Fließfertigung gerade gleich dem Aggregateumlauf (vgl. Gleichung (23) Kap. 4.6.2). Für die Erprobung wird ein pauschaler Wert für u_A festgelegt.

Die in Kap. 5.3.2 in Bild 43 dargestellte lineare Struktur kann Verzweigungen enthalten (vgl. Modell des Materialflusses in Kap. 3.2). Dann werden die u_A-Anteile nach der in Bild 46 dargestellten Vorgehensweise zusammengesetzt.

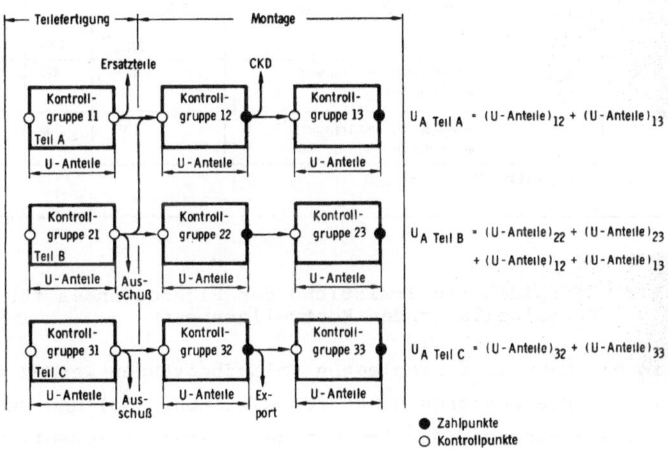

Bild 46: Zusammensetzen der Umlaufanteile bei Materialflußverzweigungen

Eine detaillierte Festlegung der einzelnen Umlaufanteile ist bei Kontrollgruppen im Fertigungsbereich durchgeführt worden. Dabei sind die bestimmenden Größen p_{LS} und p_{FS} (vgl. Kap. 4.3.3.3 und 4.3.4.1) sowie u_{FF} und Anteile von u_{FD} aus den technologischen Gegebenheiten des Fertigungsablaufs für ein betrachtetes Objekt zu entnehmen. Tabelle 11 zeigt als Beispiel das Vorgehen der Festlegung für das Objekt Kurbelwelle, das in der Kostenstelle 1125 seinen Beginn in der spanenden Bearbeitung nimmt.

Kontrollgruppe	Umlaufanteile	Bestimmungsgroßen	Ermittelter Planbestand [Stuck]		Planbestand [Stuck] in Kontrollgruppe	Planbestand [Stuck] bis Kontrollgruppe
1125	u_{FD1}	Behalterinhalt, Behalteranzahl Transportkapazitat Stellflache vor 1-Maschine	600			
	u_{FD2}	Abkuhlstrecke nach dem Harten	300			
	u_{FD3}	Taktausgleich zwischen den Maschinen	430			
	u_{FD4}	Platze in der Transportkette in angrenzende Kontrollgruppe	451			
	u_{FD}			1781		
	u_{FF}	Werkstuckplatze in und zwischen den Bearbeitungsstationen		2061		
	p_{FS}	mittlere Stordauer und Storhaufigkeit	1,7 Tage			
	u_{FS}			3152 *)		
	p_{LS}	mittlere Stordauer und Storhaufigkeit	1,5 Tage			
	u_{LS}			2715 *)	9709	9709
1124	u_{AZP4}	Montageplatze und Transporteinrichtungen		470	470	10179
1314	u_{AZP7}	Montageplatze und Transporteinrichtungen		1100	1100	11279

*) Dabei ist $PP_{ijk} = 1800 \left[\frac{\text{Stuck}}{\text{Tag}}\right]$, $\sigma = 0{,}03$

Tabelle 11: Beispielhafte Ermittlung des Planbestandes für die Kurbelwelle in den Kontrollgruppen

Aus den in der Tabelle festgelegten Umlaufbeständen werden dann die erforderlichen Planbestände gemäß der Gleichung (33) und dem Vorgehen in Tab. 9 berechnet. Aus Gründen der Übersichtlichkeit der Darstellung wurde wieder ein Beispiel mit ausschließlich Fließfertigung gewählt.

Nachdem in der Vergangenheit bereits Umlaufbestände für Teile über den gesamten Fertigungsprozeß in Tagen ermittelt wurden, soll innerhalb der Erprobung ein Vergleich mit den neuen Werten ermöglicht werden. Dazu werden die neu festgelegten Umlaufbestände für die Teile in Stück mit dem aktuellen Produktionsprogrammbedarf in Stück pro Tag in Tageswerte umgerechnet. Für das vorliegende Beispiel der Kurbelwelle wird aus dem Gesamtumlaufbestand von 11 279 Stück die Vergleichszahl zu 6,2 Tagen ermittelt. Der ursprünglich festgelegte Planbestand von 12,0 Tagen kann somit durch die neue Vorgehensweise um 48,3 % im Planzustand geändert werden. Als ein Ergebnis soll im folgenden Kapitel die Gegenüberstellung der alten Soll-Umlaufbestände mit den neu festgelegten Umlauf-Sollbeständen dargestellt werden.

5.5 ERGEBNISSE DER ERPROBUNG

Die in dem untersuchten Unternehmen vor der Untersuchung übliche Vorgehensweise, den Planumlaufbestand pauschal über den Fertigungs- und Montagebereich pro Fertigungsteil (ausgedrückt in Tagen) festzulegen, führte in der Regel zu höheren Beständen als die für die Erprobung neu festgelegten Werte. Zum Vergleich werden in Tab. 12 die Werte der Planumlaufbestände nach bisheriger und neuer Vorgehensweise für die ausgewählten Kontrollobjekte in den Aggregaten Getriebe und luftgekühlter Motor gegenübergestellt.

Aggregat	Objektnummer	Benennung	Kost - St	Umlauf Tage (alt)	Umlauf Tage (neu)	Geplante Einsparung %
Luftgekühlter Motor	000 101 101	Kurbelgehause links	1123	8,0	4,2	47,5
	000 101 102	Kurbelgehause rechts	1123	8,0	4,2	47,5
	040 101 373 1	Zylinderkopf 1,3	1124	7,0	4,8	31,4
	040 101 373 2	Zylinderkopf 1,5	1124	7,0	4,2	40,0
	040 101 375 2	Zylinderkopf 1,6	1124	7,0	4,8	31,4
	040 105 101 1	Kurbelwelle	1125	12,0	6,2	48,3
	141 105 271	Schwungrad 1,3	1126	6,5	3,9	40,0
	311 105 271	Schwungrad 1,6	1126	6,5	4,0	38,5
	113 101 311 E	Zylinder 1,3	1127	5,0	2,8	44,0
	311 101 301 D	Zylinder 1,5	1127	5,0	2,2	56,0
	341 101 302	Zylinder 1,6	1127	5,0	2,9	42,0
Getriebe	014 311 105 H	Hauptwelle	1162	7,0	8,0	- 14,3
	014 311 257	Schaltrad 1 Gang	1162	6,5	6,5	0,0
	014 409 121 E	Differentialgehause	1164	10,0	9,1	9,0
	014 311 201	Antriebswelle	1165	9,0	8,8	2,2
	014 409 147	Tellerrad	1165	9,0	7,1	21,2
	014 409 355 B	Flanschwelle	1165	6,0	5,4	10,0
	014 409 131 C	Differentialflansch	1168	4,0	4,7	- 17,5
	014 301 103 E	Getriebegehause	1168	6,0	5,6	6,6
	014 301 211 G	Getriebedeckel	1168	5,0	5,6	- 12,0
	014 301 231 G	Abschlußdeckel	1168	5,0	5,3	- 6,0

Tabelle 12: Geplante Umlaufbestandssenkung für ausgewählte Kontrollobjekte in den Kontrollgruppen (Kostenstellen)

Aus dieser Gegenüberstellung kann keine tatsächliche Einsparung abgeleitet werden, es handelt sich nur um einen Vergleich unterschiedlich ermittelter Soll-Werte.

Die Realisierung einer Einsparung durch Herabsetzung des Umlaufbestandes konnte erst durch eine mehrmonatige Anwendung des Erprobungsverfahrens erreicht werden, da nicht mit einer sofortigen Anpassung auf die neuen Planvorgaben zu rechnen war.

Diese Anpassungszeit wird in der Entwicklung des Umlaufbestandes für ein Kontrollobjekt exemplarisch deutlich: Bild 47 zeigt als Beispiel die wöchentlichen Umlaufbestandsabweichungen vom Soll-Wert und den Verlauf des Gesamtumlaufbestandes für das Kontrollobjekt Schwungrad. Die dargestellte Auswertung ist für alle ausgewählten Kontrollobjekte durchgeführt worden und findet sich in /77/. Für alle Kontrollobjekte zeigt sich ein mit Bild 47 vergleichbarer ähnlicher Verlauf.

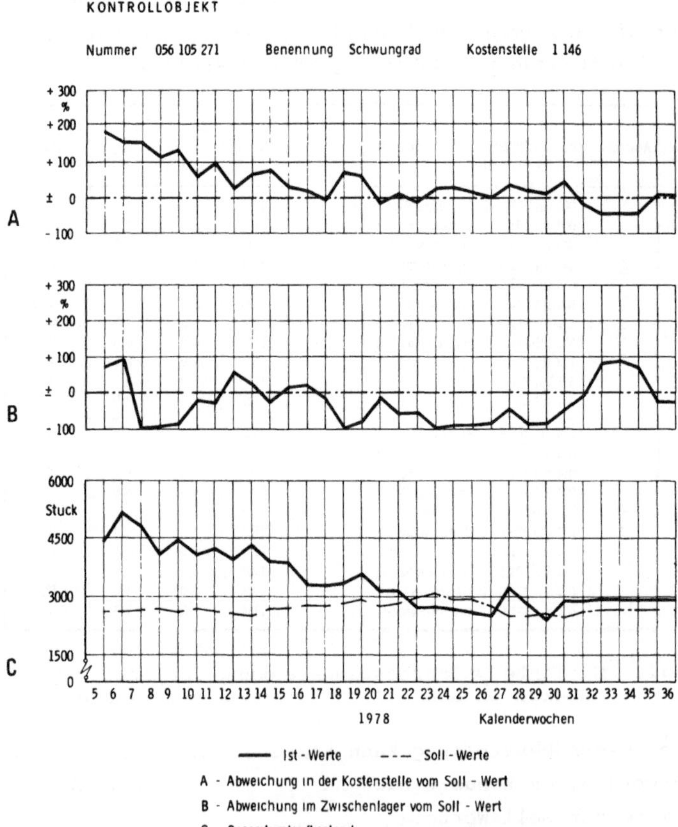

Bild 47: Veränderung der Umlaufbestandswerte für ein Kontrollobjekt

Aus diesen Verläufen der Kontrollobjekte kann eine Aussage zu einer Umlaufbestandswertminderung getroffen werden. Es wird deshalb die Differenz des Gesamtbestandswertes zu Beginn der Kontrolle und des Gesamtbestandswertes nach der mehrmonatigen Erprobung gebildet. Bei Kontrollobjekten mit zu Beginn und zu Ende sehr sprunghaften Verläufen werden Mittelwerte für die Errechnung dieser Differenzen gebildet. Wird diese Differenz mit den Materialkosten des Kontrollobjektes bewertet, so erhält man einen Kostenwert für die Umlaufbestandswertminderung. Für die ausgewählten Kontrollobjekte ergibt sich so über den Beobachtungszeitraum eine Umlaufbestandswertminderung von 23,6 % (vgl. /77/).

Neben der geschilderten Entwicklung der Umlaufbestände für die Kontrollobjekte soll auch der Verlauf des gesamten Umlaufbestandes im Fertigungsbereich durch vergleichbare Zahlen für die Erprobungsmonate dargestellt werden. Dazu wird zweckmäßigerweise eine Kenngröße R_U gebildet, die in der Automobilindustrie allgemein üblich ist /39/. Die Ermittlung von R_U erfolgt durch den in Bild 48 dargestellten Ausdruck jeweils für den im untersuchten Unternehmen festgelegten Betrachtungszeitraum am Ende eines Monats.

$$R_U = \frac{F_U}{P_K / (t_{k+1} - t_k)} = \frac{MK_U \; (t_{k+1} - t_k)}{K_{EF} \; P_K} = \frac{MK_U \; PM^{IST} \; (t_{k+1} - t_k)}{P_K \; K_F} \quad [\text{Tage}] \qquad (34)$$

mit

R_U	[Tage]	- Reichweite des Umlaufbestandes im Fertigungsbereich
PM^{IST}	$\left[\frac{FZ}{Monat}\right]$	- gefertigte Fahrzeuge im Betrachtungsmonat
MK_U	$\left[\frac{Wert}{Monat}\right]$	- Umlaufbestand im Fertigungsbereich
K_F	$\left[\frac{Wert}{Monat}\right]$	- verrechnete Materialkosten fur die gefertigten Fahrzeuge im Betrachtungsmonat
K_{EF}	$\left[\frac{Wert}{FZ}\right]$	- errechnete Materialkosten fur das "Einheitsfahrzeug" aus K_F/PM^{IST}
P_K	$\left[\frac{FZ}{Monat}\right]$	- zu fertigende Fahrzeuge im Betrachtungsmonat lt Programm
$(t_{k+1} - t_k)$	[Tage]	- Anzahl Produktionstage im Betrachtungsmonat
F_U	$\left[\frac{FZ}{Monat}\right]$	- errechnete "Einheitsfahrzeuge" aus MK_U/K_{EF}

Bild 48: Ermittlung der Kenngröße R_U

R_U stellt die Reichweite des Umlaufbestandes in Tagen dar. Dabei wird angenommen, daß das Material des Umlaufbestandes ausschließlich zur Fertigung von Einheitsfahrzeugen zur Verfügung steht. Der zeitliche Verlauf dieser Kenngröße, ausgedrückt in Prozenten des Wertes des ersten Monats ($\hat{=}$ 100 %) der Untersuchung ist in Bild 49 dargestellt.

Die Kenngröße R_U kann nur eine grobe Beurteilung zulassen, da die Materialkosten des Einheitsfahrzeuges durch die veränderliche Zusammensetzung des Produktionsprogrammes aus den verschiedenen Fahrzeugtypen und typenspezifische Materialkosten-Veränderungen beeinflußt werden.

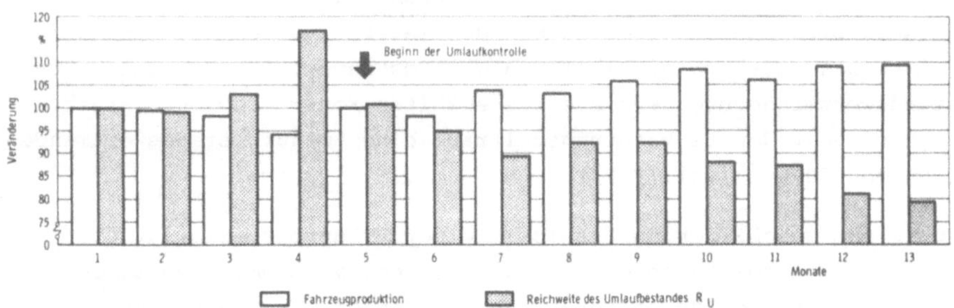

Bild 49: Darstellung der Veränderungen für die Fahrzeugproduktion und die Kenngröße R_U

Es läßt sich jedoch in Bild 49 klar erkennen, daß bei etwa 10 %-iger Steigerung der Fertigung eine ca. 20 %-ige Senkung des Umlaufbestandes im Fertigungsbereich über den betrachteten Zeitraum zu erreichen war.

Die Senkung des Umlaufbestandes der ausgewählten Kontrollobjekte kann diese Senkung des Gesamtumlaufbestandes allein nicht verursachen, da die Kontrollobjekte nur 10,8 % (vgl. Kap. 5.4.1) des Gesamtumlaufbestandes ausmachen. Die Durchführung der Umlaufkontrolle in ausgewählten Kontrollgruppen beeinflußt offensichtlich auch das Umlaufverhalten in den nicht durch die Untersuchung erfaßten Kontrollgruppen.

Neben den quantifizierbaren Veränderungen sind daher die nicht quantifizierbaren Einflüsse einer solchen Durchführung der Umlaufkontrolle im untersuchten Unternehmen in Betracht zu ziehen.

5.6 ERFAHRUNGEN BEI DER DURCHFÜHRUNG

Für die Durchführung der Umlaufkontrolle mit dem Erprobungsverfahren wurde innerhalb der Hauptabteilung "Produktionssteuerung und -koordination" eine neue Organisationseinheit "Umlaufkontrolle" geschaffen. Der Planungszyklus wurde auf eine Woche festgelegt.

Zwar konnten bei der Ist-Datenerfassung bereits vorhandene Zu- und Abgangsinformationen über einige Kontrollobjekte herangezogen werden, jedoch war in der Regel die korrekte Ist-Datenerfassung mit erheblichem Aufwand verbunden.

Bei der Festlegung der Soll-Umlaufbestände ergaben sich Meinungsverschiedenheiten bei der Auslegung der einzelnen Anteile (vgl. Kap. 5.4.3, Tabelle 11), da die neue Vorgehensweise Meinungsverschiedenheiten zwischen den Verantwortlichen in den Kostenstellen und den Umlaufkontrolleuren entstehen ließ. Diese Meinungsverschiedenheiten konnten erst durch ausgiebige Erläuterungen des Erprobungsverfahrens ausgeräumt werden.

Bei der Auswahl der Kontrollobjekte wurde versucht, a l l e Fertigungsteile in der Kontrollgruppe zu erfassen. In diesen Fällen (vgl. Kap. 5.4.1, Bild 45) war es möglich, die Summe der Soll-Ist-Abweichungen (ausgedrückt in Materialkosten) für einen Vergleich mit anderen Kontrollgruppen heranzuziehen.

Das korrekte Führen der Umlaufbestände in den Kontrollgruppen ermöglichte bereits eine kurzfristige Verfügbarkeitskontrolle (vgl. Kap. 3, Subsystem AD).

Weiterhin konnte als Wirkung der Durchführung auf die betroffenen Stellen festgestellt werden, daß

- o durch das Bekanntwerden der Materialkosten im Fertigungsbereich eine aufgeschlossene Bereitschaft zu den Maßnahmen der Umlaufbestandssenkung zu beobachten war,
- o in den Kostenstellen, die dem manuellen Kontrollverfahren nicht angeschlossen waren, von den Verantwortlichen ebenfalls die bisherigen Sollwerte verändert wurden,
- o die Einkaufsabteilung die neu festgelegten Umlaufsollwerte in ihr Bedarfsrechensystem übernahm,
- o in den Kontrollgruppen bei Soll-Ist-Abweichungen die Ansätze zu einer systematischen Erfassung der Ursachen (vgl. Kap. 3.4.2.3) entstanden.

Diese Wirkungen machen das Absinken des Umlaufbestandteiles über den Anteil hinaus verständlich, der allein durch die Umlaufkontrolle erfaßt wird.

6 AUSBLICK AUF EIN ERWEITERTES PRODUKTIONSPLANUNGS- UND -STEUERUNGSSYSTEM

6.1 VORBEMERKUNG

Die Beeinflußbarkeit des Umlaufbestandes kann mit dem Erprobungsverfahren nachgewiesen werden. Die erhaltenen Ergebnisse zeigen, daß bereits mit einfachen Versionen der Subsysteme in der Mengenplanung spürbare Veränderungen des Umlaufbestandes erreichbar sind. Auch beeinflußt der Umlaufbestand die Terminplanung, so daß ein integriertes EDV-unterstütztes Produktionsplanungs- und Steuerungssystem erforderlich wird.

Die Bausteine herkömmlicher Produktionsplanungssysteme weisen im allgemeinen fest definierte Planungsfunktionen auf. Die Mitberücksichtigung des Umlaufbestands ändert diese Planungsfunktionen und Rechenverfahren, so daß die Bausteine im Sinne der Subsysteme des in Kap. 3 und 4 entwickelten Planungssystems erweitert werden müssen.

Weiterhin ist nach verschiedenen Terminplanungsstufen zu unterscheiden, da erst der Umlaufbestand eine vermittelnde Größe zwischen kurzfristiger und mittelfristiger Planung darstellt.

Das folgende Kapitel skizziert die von der herkömmlichen Planungsrechnung ausgehende Erweiterung der Planungsfunktionen bei hauptsächlich den Bausteinen bzw. Subsystemen, bei denen die Mitberücksichtigung des Umlaufbestandes die stärkste Abänderung verlangt. Daher kann das Folgende nur als Ausblick auf den zu erwartenden Realisierungsaufwand des erweiterten Produktionsplanungssystems verstanden werden.

6.2 MITTELFRISTIGE UND KURZFRISTIGE TERMINPLANUNGSSTUFEN

6.2.1 Zusammenwirken der Terminplanungsstufen

Der Einfluß des Umlaufbestandes wird in den Stufen der mittel- und kurzfristigen Planung berücksichtigt. Charakteristisch für diese Stufen sind

- o die Genauigkeit der Planungsdaten,
- o die Größe der betrachteten Zeiträume,
- o und der Abstand vom Planungszeitpunkt T_o /78/.

Eine allgemeingültige Festlegung dieser Größen ist nicht möglich und muß deshalb immer anwendungsspezifisch neu festgelegt werden (so ist z.B. die Zielvorstellung im untersuchten Unternehmen für den betrachteten Zeitraum: mittelfristige Terminplanungsstufe ≙ 4 Wochen, kurzfristige Terminplanungsstufe ≙ 3 Tage). Durch die Abgrenzung der Terminplanungsstufen werden bereits wesentliche Anforderungen an das zu verwendende Planungssystem festgelegt /78/.

Die Terminplanungsstufen sollten jedoch untereinander verknüpfbar sein. Ferner hängt das Planungsverfahren vom Umfang und Art der geforderten Planungsergebnisse ab, ebenso wird dadurch die erforderliche Spezifikation der Eingangsinformationen festgelegt. In Bild 50 stehen für die kurzfristige Terminplanungsstufe das Produktionsprogramm der Einzelfahrzeuge mit festgelegter Ausstattungsform, für die mittelfristige Terminplanungsstufe das Produktionsprogramm der Fahrzeug-

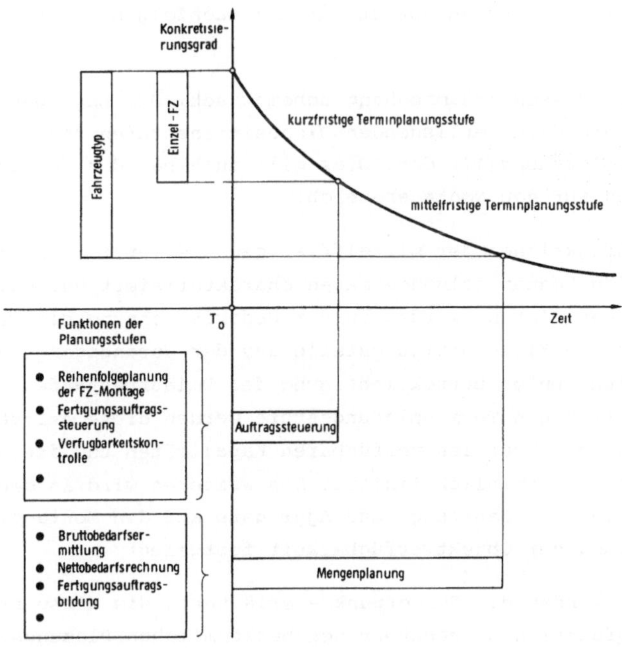

Bild 50: Beispielhafte Funktionen auf den Stufen der Terminplanung und die zugehörigen konkreten Ausgangsdaten

typen als Eingangsinformationen für die Dispositionsaufgaben zur Verfügung. So ist beispielsweise bei der Montage von Fahrzeugen aus Aggregaten und Teilen die optimal festzulegende Reihenfolge eine typische Aufgabe innerhalb der kurzfristigen Terminplanungsstufe. Eine Aufgabe der mittelfristigen Terminplanungsstufe wäre die Disposition von Eigenfertigungs- und Kaufteilen, so daß die Einzelfahrzeuge montiert werden können, obwohl zum Zeitpunkt dieser Disposition die Programmwerte der Einzelfahrzeuge noch nicht bekannt sind.

In diesem Falle kann die gestellte Forderung, daß die Ergebnisse der Planungsrechnung einer Terminplanungsstufe gleichzeitig die Eingangsdaten für die nachgeschaltete Terminplanungsstufe sein sollen /31/, nicht erfüllt werden; d.h. daß die beiden Planungsstufen nicht miteinander verknüpft werden können.

Die einzige Möglichkeit, die beiden Planungsstufen dennoch zu verbinden, stellt der ermittelte in den jeweiligen Kontrollgruppen verfügbare Ist-Umlaufbestand (insbesondere in den Zwischenlägern) dar: Sein Wert ist Ausgangspunkt für die nachfolgende Terminplanungsstufe.

Bild 51 zeigt diesen Zusammenhang schematisch. Die Lagerbestände stellen für die darunterliegenden Dispositionsstufen die Ist-Bestände nach Gleichung(17) dar. Dies gilt auch bei der Verfügbarkeitsrechnung für den Montagebereich.

Die Planungsfunktionen der mittelfristigen und kurzfristigen Terminplanungsstufen können folgendermaßen charakterisiert werden: In der mittelfristigen Planung werden in der Bedarfsrechnung die Fertigungsaufträge für die Eigenfertigungsteile aus der vorangegangenen Bedarfsermittlung unter Berücksichtigung des Umlaufbestandes gebildet. In der kurzfristigen Terminplanungsstufe werden diese Aufträge unter Einbeziehung der aktuellen verfügbaren Kapazitäten und des aktuellen Umlaufbestandes terminlich fixiert. Des weiteren wird in dieser Stufe die Reihenfolge der Fahrzeuge und Aggregate auf den Montagelinien unter Beachtung der Objektverfügbarkeit festgelegt.

Im folgenden werden die Schwerpunkte erläutert, die diese erweiterten Planungsfunktionen gegenüber den herkömmlichen Planungsverfahren unterscheidet.

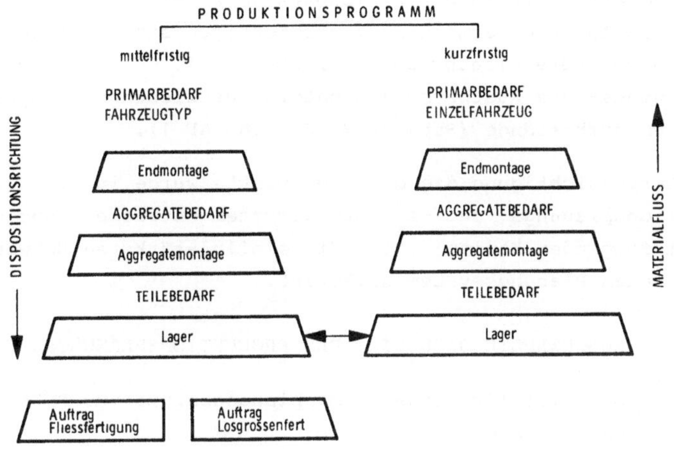

Bild 51: Aufgabe des Lagers als Verbindung zwischen mittel- und kurzfristiger Terminplanungsstufe

6.2.2 Erweiterung der Planungsfunktionen

Die Erweiterungen der Planungsfunktionen durch Berücksichtigung des Umlaufbestandes beziehen sich in der mittelfristigen Planung auf

- die Stücklistenstruktur (neutrale Daten, Kap. 3.4) der Erzeugnisse unter Einbeziehung der neugeschaffenen Kontrollgruppen,
- die Verwaltung des mittelfristigen Primärbedarfs für Fahrzeugtypen, Ersatzteile usw. (Subsystem AD 1),
- die Bedarfsrechnung mit dem Verfahren des Teileverwendungsnachweises (Subsystem AD 2 und AD 5)
- die Bildung der Fertigungsaufträge für die Kontrollgruppen (Subsystem AD 5),
- das Festlegen von Eckterminen für die Bedarfsrechnung durch das Verfahren der "Basisbelegung" (Subsystem AD 4),
- das neue Abgrenzungskriterium in der Bestandsrechnung durch die Kontrollgruppe (Subsystem AC 2).

Für die kurzfristige Planung ergeben sich als Schwerpunkte:

- die Verwaltung des kurzfristigen Primärbedarfs auf der Stufe des Einzelfahrzeugs (Subsystem AD 1),
- die Verfügbarkeitsrechnung in Anlehnung an die analytische

Bedarfsermittlung /12/ (Subsystem AD 5),

o die Auftragsterminierung der Fertigungsaufträge und die Kapazitätsbelegung der Betriebsmittel, des Maschinenbedienungs- und Rüstpersonals unter Einbeziehung verfügbarer Umlaufbestände (Subsystem AE 1 und AF 1).

Unter Berücksichtigung dieser Schwerpunkte wurde in /79/ ein neues Produktionsplanungs- und -steuerungssystem entwickelt und beschrieben. Im folgenden Kapitel seien die einflußstärksten Schwerpunkte bei diesem neuen Planungssystem erläutert.

6.3 AUSGEWÄHLTE BAUSTEINE DES PRODUKTIONSPLANUNGSSYSTEMS

6.3.1 Die mittelfristige Terminplanungsstufe für Fertigung und Montage

Der bekannte Begriff der Baukastenstrukturstückliste /78/ wird durch die Kontrollgruppen im Fertigungs- und Montagebereich zum Begriff der "Kontrollgruppenstrukturstückliste" erweitert. Die Darstellung der Stücklistenstruktur ist in Bild 52 wiedergegeben. Die Kontrollgruppen j + 4 und j + 3 stellen Kontrollgruppen in der Montage dar, die Kontrollgruppen j + 2 bis j sind Kontrollgruppen in der Teilefertigung. Man erkennt, daß zwischen der Eigenfertigungsteilestufe und der Rohmaterialstufe die Struktur der Fertigungskontrollgruppen eingefügt worden ist. Die Stücklistenstruktur in diesem erweiterten Bereich wird aus den bestehenden Fertigungsplänen aufgrund von Abgrenzungskriterien der Bearbeitungsstationen zu einer Kontrollgruppe abgeleitet.

Diese Kontrollgruppen stellen dann Dispositionsstufen für die Bedarfsrechnung dar.

Für die mittelfristige Bedarfsrechnung ist erforderlich, daß die Primärbedarfseinheiten wie Fahrzeugtyp, CKD-Satz, Exportaggregate und Ausstattungspakete festgelegt und verwaltet werden. Die P r i m ä r b e d a r f s v e r w a l t u n g hat dann die Aufgabe, das Produktionsprogramm (Einheiten pro Planungsperiode) in die Primärbedarfsdatei zu übernehmen und laufend zu aktualisieren. Dazu gehört auch die Abbuchung des Primärbedarfs mit Hilfe der Meldungen von den produzierten Einzelfahrzeugen.

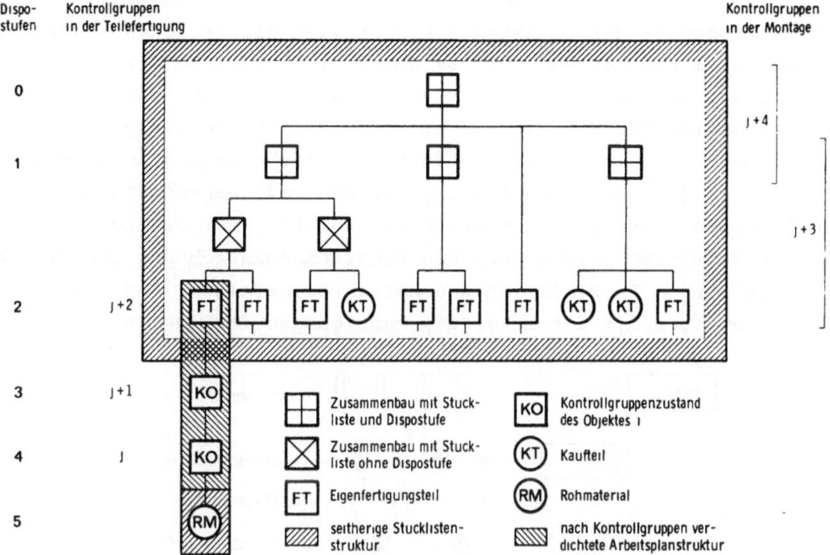

Bild 52: Struktur der neuen Stückliste

Die mittelfristige B e d a r f s r e c h n u n g erfolgt für die Objekte nach dem Teileverwendungsprinzip. Damit ist die Stücklistenauflösung und der Aufbau dieser Teileverwendungsnachweise nur einmalig vorab durchzuführen und ist daher nicht erneut je Planungsperiode erforderlich. Die Vorgehensweise bei der Bedarfsrechnung nach dem Verwendungsprinzip ist in der Literatur /12, 80/ beschrieben.

Bei der Stücklistenauflösung interessieren nur die Objekte, die den Eingangs- oder Ausgangszustand einer Kontrollgruppe darstellen. Zwischenstufen der Erzeugnisstruktur, die nur innerhalb einer Kontrollgruppe auftreten, sind für die Bedarfsrechnung nicht relevant (Bild 52). Es muß deshalb jedes Objekt, das in der Bedarfsrechnung berücksichtigt werden soll, in der Stückliste gekennzeichnet sein.

Innerhalb der Eigenfertigungsteileebene wird die Bedarfsrechnung nach Dispositionsstufen durchgeführt. Als Dispositionsstufe wird dabei die Kontrollgruppe betrachtet. Diese differenzierte Betrachtung wird durch das Auftreten der Losgrößenfertigung in den Kontrollgruppen zu festgelegten Eckterminen erforderlich. Der Zusammenhang ist in Bild 53 dargestellt.

Der Bruttobedarf des Objektes i ergibt sich als Periodenbedarf aus dem Produktionsprogramm. Für das Objekt i im Zustand der jeweiligen Kontrollgruppen werden in der Basisbelegung der Fertigungszyklus und die Ecktermine für die Fertigungsaufträge festgelegt. In Bild 53 ist zu erkennen, daß in der Kontrollgruppe 1 (Arbeitsgang AG 60 und 70) in jeder Planungsperiode gefertigt werden muß, während in den Kontrollgruppen 2 und 3 phasenverschoben nur in jeder zweiten Planungsperiode gefertigt werden muß. Die Bedarfsmengenrechnung für die Fertigungsaufträge in Pfeilrichtung hat so zu erfolgen, daß die übergeordnete Stufe mit der Menge des Fertigungsauftrages der unteren Stufe fertigen kann.

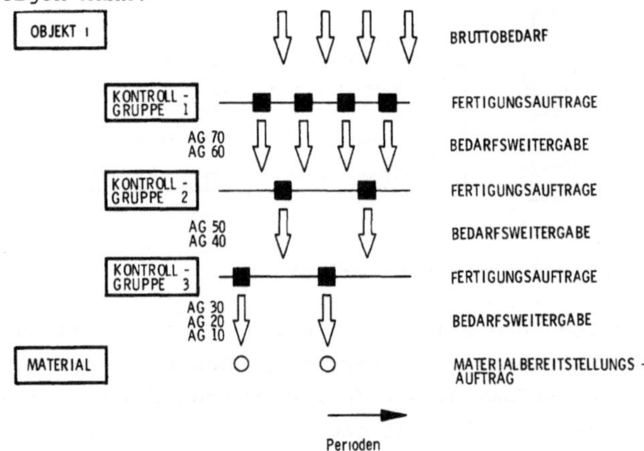

Bild 53: Bilden der Fertigungsaufträge für die Kontrollgruppen

Der errechnete Bedarf wird mit dem von der Bestandsrechnung fortgeschriebenen Bestand und dem aktualisierten Fertigungsauftragsbestand abgeglichen. Für den jeweils verbleibenden Nettobedarf erfolgt dann eine Fertigungsauftragsbildung (dies können z.B. auch Montage- und Bestellaufträge sein).

Wesentlichste zusätzliche Funktion in der mittelfristigen Planungsstufe stellt die B a s i s b e l e g u n g dar. Aufgabe der Basisbelegung ist das Erreichen einer zyklischen Maschinenbelegung für die Losfertigung und die Bereitstellung von Start- und Endterminen für die Fertigungsaufträge innerhalb der Bedarfsrechnung.

Der Ablauf der Basisbelegung sei im folgenden kurz beschrieben. Eine ausführliche Darstellung findet sich in /79/. Mit dem aus dem Jahresproduktionsprogramm ermittelten Jahresbedarf wird pro Eigenfertigungsteil eine isolierte Losgrößenrechnung durchgeführt /9/. Aus dieser Losgröße wird der optimale Fertigungszyklus pro Eigenfertigungsteil errechnet und einer der bereits vorher festgelegten Zyklusgruppen zugeordnet, da eine Fertigung im Einzelteilefertigungszyklus praktisch nicht durchführbar ist /81/. Die so gebildeten Fertigungsaufträge werden nun nach Fertigungslinien, also nach einer Folge von Bearbeitungsstationen geordnet (Bild 54). Dabei werden solche Fertigungsaufträge abgetrennt, denen keine Ausweichmöglichkeit auf andere Fertigungslinien zur Verfügung steht ("Mußaufträge"). Alle Aufträge, die auf mehreren alternativen Kapazitäten gefertigt werden können, werden in der Datei als "Kannaufträge" getrennt erfaßt.

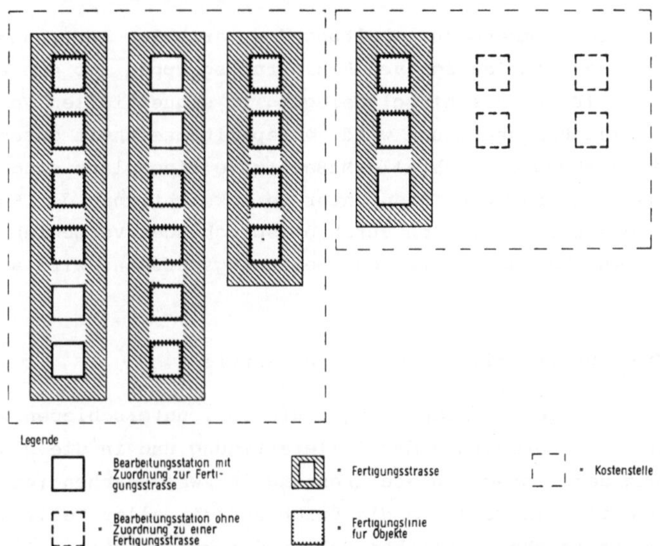

Bild 54: Zuordnungsmöglichkeiten von Bearbeitungsstationen

Im nächsten Schritt werden die der jeweiligen Zyklusgruppe angehörenden Fertigungsaufträge zu sogenannten Einlastungsgruppen kombiniert. Unter Einlastungsgruppe soll eine Gruppierung von Fertigungsaufträgen mit verschiedenen Fertigungszyklen in die Planungsperioden verstanden werden, so daß sich trotz der unterschiedlichen Kombinationsmöglichkeiten eine ausgeglichene Reihenfolge ergibt. Diese Belegung wiederholt sich als zeitliche Abfolge der verschiedenen Fertigungsaufträge mit verschiedenen Fertigungszyklen entsprechend der gewählten Kombination innerhalb der Planungsperioden. Die Kombination erfolgt so, daß die Mußaufträge primär berücksichtigt werden, und die Kannaufträge nur zum Ausgleich herangezogen werden. Dieser Vorgang erfolgt je Fertigungslinie und jeweils über alle Zyklusgruppen ansteigend. Die Fertigungsaufträge, welche in untergeordneten Zyklusgruppen nicht zu kombinieren sind, werden in die nächsthöhere Zyklusgruppe übernommen. Der Fertigungszyklus des Eigenfertigungsteils wird dann entsprechend geändert. Nachdem diese Einlastungsgruppen für alle Fertigungslinien kombiniert sind, d.h. alle Aufträge müssen aus der Datei der Kannaufträge entnommen sein, findet eine Kapazitätsbedarfsrechnung statt. Mit der aus der Kapazitätsbedarfsrechnung festgelegten Kapazitätsgrenze (z.B. einschichtiger oder zweischichtiger Betrieb) wird ein Terminraster für die eigentliche Basisbelegung aufgebaut.

Durch die vorweggenommene Ausschaltung des variablen Fertigungszyklus mit Hilfe der Kombination von Einlastungsgruppen ist nun eine Fertigungslinien- (Einzelmaschinen)-belegung im sequentiellen Verfahren möglich. Die Maschinenbelegung wird je Kapazitätseinheit durchgeführt. Es wird abgeprüft, ob alle Mußaufträge eingeplant sind. Nach erfolgter Maschinenbelegung kann unter Berücksichtigung der Kapazität des Rüstpersonals ein Abgleich durch entsprechendes Verschieben vorgenommen werden. Der Bedarf für das Bedienungspersonal wird ausgewiesen.

6.3.2 Die kurzfristige Terminplanungsstufe

Auf der kurzfristigen Terminplanungsstufe soll unterschieden werden in die Planung und Steuerung der Teilefertigung und in die Planung und Steuerung der Montage. Diese Trennung in zwei unabhängige Planungsbereiche ist sinnvoll, da die Durchlaufzeit aller Teile des Fertigerzeugnisses den zeitlichen Rahmen der kurzfristigen Planung übersteigt und damit gezielte Steuerungsmaßnahmen unmöglich sind.

6.3.2.1 Kurzfristige Planung und Steuerung der Montage

Für die kurzfristige Planung und Steuerung der Montage sind folgende Subsysteme erforderlich:

- o Primärbedarfsverwaltung (AD 1)
- o Stücklistenauflösung (AD 2)
- o Sekundärbedarfsrechnung (AD 5)
- o Verfügbarkeitsrechnung (AD 5)

In der kurzfristigen Bedarfsrechnung wird das kurzfristige Montageprogramm aufgrund des aktuellen Tages-Fahrzeugprogramms errechnet. Ergebnis ist die Reihenfolge des Montageprogrammes auf Einzelfahrzeugebene. Es werden keine Fertigungs- oder Bestellaufträge mehr für Objekte gebildet (Bild 55). Vielmehr sind die aktuellen Fertigungsaufträge und die Zwischenlagerbestände Grundlage für eine V e r f ü g b a r k e i t s r e c h n u n g . Kann das kurzfristige Programm nicht erfüllt werden, weil Objekte aus der mittelfristigen Disposition fehlen, so sind diese Fehlbestände für eine manuelle Änderung des Fahrzeugprogramms auszuweisen.

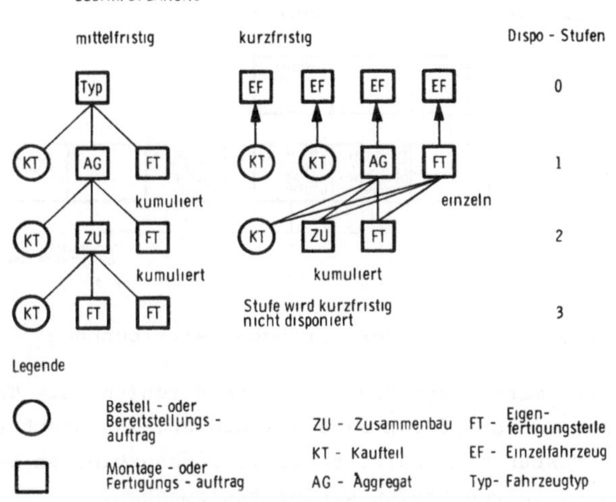

Bild 55: Mittel- und kurzfristige Bedarfsplanung

In der mittelfristigen Rechnung werden die Aggregate (z.B. alle Motoren) eines Fahrzeugtyps pro Planungsperiode zusammengefaßt. In der kurzfristigen Planung werden Motoren einzeln disponiert und ein Montageauftrag über einen Motor einem Einzelfahrzeug zugewiesen (Bild 55). Damit nicht jedes Fahrzeug anders disponiert werden muß, ist die Disposition mit Hilfe von Variantenstücklisten der Fahrzeugtypen vorgesehen. Dabei ist der Fahrzeugtyp mittel- und kurzfristig gleich. Er wird lediglich in der mittelfristigen Berechnung des Gesamtbedarfs je Periode zusammengefaßt, während die kurzfristige Planung jedes Einzelfahrzeug betrachtet. Der Zusatzbedarf für Sonderausstattungen wird mittelfristig als Primärbedarf geplant. Dieser Zusatzbedarf wird kurzfristig reserviert und je Einzelfahrzeug exakt vorgegeben.

Ausgangspunkt für die Verfügbarkeitsrechnung eines Objektes ist die verfügbare Komponentenmenge, die sich aus

- o kurzfristig zu fertigenden Objekten,
- o fertigen Objekten in den Kontrollgruppen der Teilefertigung oder Montage

zusammensetzt.

Die verfügbare Komponentenmenge wird dem Bedarf gegenübergestellt. Dieser Abgleich erfolgt auf jeder Dispositionsstufe. Dazu ist die Bedarfsermittlung unter Berücksichtigung der Erzeugnisstruktur erforderlich (Vorgehensweise in Bild 56).

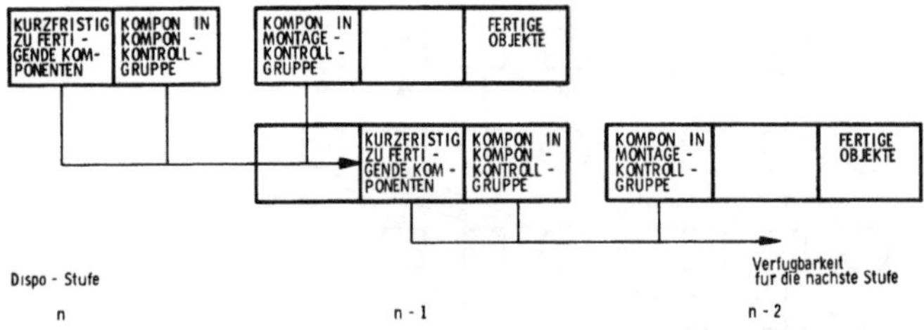

Bild 56: Vorgehensweise bei der Verfügbarkeitsrechnung

Am Ende der Verfügbarkeitsrechnung ist das durchführbare Tagesprogramm ermittelt. Es ist jedoch eine weitere Rückwärtsrechnung durch die Erzeugnisstruktur notwendig, um zu viel reservierten Bestand auf hierarchisch niedrigeren Stufen wieder freizugeben.

6.3.2.2 Kurzfristige Planung und Steuerung der Teilefertigung

Die kurzfristige Planung und Steuerung plant und überwacht die Fertigungsaufträge. Diese Aufträge stammen aus der mittelfristigen Bedarfsrechnung. Im kurzfristigen Bereich erfolgt eine exakte terminliche Einplanung mit einem kürzeren Planungszyklus.

Die A u f t r a g s t e r m i n i e r u n g (Subsystem AE 1) hat die Aufgabe die Fertigungsaufträge innerhalb der Kontrollgruppe mit den zugehörigen Arbeitsgängen vorzuterminieren. Schwerpunkt der Auftragsterminierung ist die Ermittlung der Auftragsfristen, über die in Verbindung mit Übergangszeiten die Beginn- und Endtermine der einzelnen Arbeitsgänge bestimmt werden. Die Rechnung erfolgt zunächst in Form einer Rückwärtsterminierung. Zeitlicher Bezugspunkt sind die

Termine der Montageaufträge bzw. die jeweiligen Beginntermine in den Kontrollgruppen, die den übergeordneten Fertigungsaufträgen entsprechen. Die hierbei ermittelten Termine werden festgehalten, wenn der Beginntermin des letzten Fertigungsauftrages einer Auftragsfolge realisierbar ist. Ist der Termin nicht realisierbar (Vergangenheit oder vor einem fest vorgegebenen Termin), so wird die in der Rückwärtsterminierung errechnete Termindifferenz durch Reduktion der Übergangszeiten kompensiert. Dies erfolgt dadurch, daß vom aktuellen Rechentermin (Heute-Linie) ausgehend, eine Vorwärtsterminierung durchgeführt wird, in der die Übergangszeiten zwischen den Arbeitsgängen schrittweise so lange vermindert werden, bis kein Verzug mehr vorhanden ist /27/. Gelingt es nicht, den Verzug durch Reduktion der Übergangszeiten übergeordneter Fertigungsaufträge auszugleichen, wird versucht, den Verzug durch den Abbau von Sicherheitsbeständen zu reduzieren.

Da bei der K a p a z i t ä t s b e l e g u n g (Subsystem AF 1) drei unterschiedliche Bereiche betroffen sind (Rüster-, Personal- und Betriebsmittelbereich), die zwar zusammenhängend geplant werden müssen, sind Unterschiedlichkeiten zu beachten z.B. Mehrmaschinenbedienung oder begrenztes Rüstpersonal. Es wird jeder Bereich für sich geplant und anschließend mit den übrigen verknüpft. In der Reihenfolge des Auftretens von Rüst- und Bearbeitungszeiten eines Arbeitsvorganges /19/ wird auch bei der Belastungsplanung mit den Rüstern begonnen, es folgen Personal- und Betriebsmittel. Die in den Bereichen jeweils errechneten Daten werden in den anschließenden Bereich übergeben und erfahren dort u.U. spezifische Veränderungen.

Es wird eine Anfangsbelegung nach Betriebsmittel gebildet, die als Orientierungshilfe für die Belastungsplanung der Rüstkapazität dient.

Die darauf durchgeführte Anfangsbelegung nach Rüstkapazitäten berücksichtigt spezifische Eigenarten (z.B. daß mehrere Rüster für einen Arbeitsgang benötigt werden) und erstellt ein Belastungsprofil. Dieses Belastungsprofil wird nach überlasteten Kapazitäten pro Periode überprüft, die dann mit Hilfe dreier verschiedener in Bild 57 dargestellter Auslastungsarten einem Abgleich und damit dem Versuch eines Abbaus der Überbelastung unterzogen werden.

Ist bei der Serienfertigung die Erfüllung des Produktionsprogrammes oberstes Ziel, so ist kein Verschieben in die kommenden Perioden möglich. Damit sind Verfahren mit Warteschlangenverarbeitung /27/ nicht

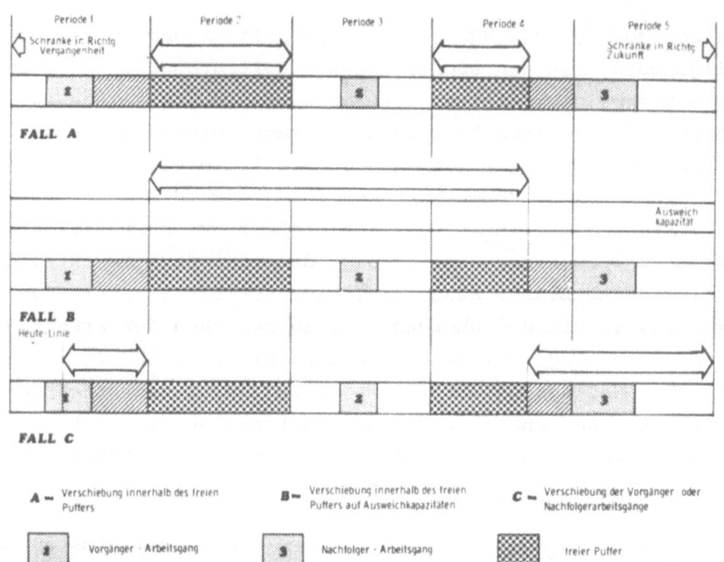

Bild 57: Drei Auslastungsarten als Möglichkeit des Kapazitätsabgleiches

anwendbar. Vielmehr muß durch Verschieben einzelner Fertigungsaufträge gegenüber den Terminen der Auftragsterminierung eine abgeglichene Belastung gefunden werden. Die im Anschluß an den Abgleich errechneten Termine werden als Ecktermine an die Personalbelastungsplanung übergeben. Hier vollzieht sich gleich dem Vorgehen im Rüsterbereich die Erstellung der Anfangsbelegung und die Durchführung des Abgleichs. Die Termine der Personalbelastungsplanung stellen dann die Ecktermine für die Betriebsmittelplanung dar.

Damit sind die wichtigsten Überlegungen zu einem erweiterten Planungssystem, das den Umlaufbestand als neue Größe mitberücksichtigt, skizziert. Eine mögliche Realisierung eines solchen in Kap. 3 und 4 entworfenen Systems hängt neben dem Realisierungsaufwand im wesentlichen davon ab, welchen Datenerfassungsaufwand ein künftiger EDV-Benutzer erbringen kann und will.

7 ZUSAMMENFASSUNG

Die Berücksichtigung des Umlaufbestandes im Fertigungsbereich als einflußstarke Komponente auf die Vorräte in Unternehmen der Serienfertigung innerhalb der Produktionsplanung hat sich als notwendig erwiesen, da die vorhandenen betriebswirtschaftlichen Kennzahlen keine Beeinflussung dieses Bestandes zulassen. In dieser Arbeit wird ein Weg aufgezeigt, wie mit Hilfe einer systematischen Detaillierung der Materialfluß- und der Informationsflußstruktur über mehrere Stufen eine praktisch anwendbare Vorgehensweise zur Senkung der Umlaufbestände abgeleitet werden kann.

Es wird dabei in folgenden Schritten vorgegangen:

1. Entwurf eines Systems zur Planung und Steuerung des Umlaufbestandes mit Hilfsmitteln der Systemtheorie. Es kann gezeigt werden, daß sich Planungsgrößen für den Umlaufbestand abgrenzen lassen. Bekannte Produktionsplanungs- und -steuerungssysteme können um die Planung des Umlaufbestandes erweitert werden.

2. Festlegung der entscheidenden Planungsgrößen für den Umlaufbestand mit Darstellung des rechnerischen Zusammenhangs. Hierzu wird in Abhängigkeit der Fertigungsarten Fließ- und Losfertigung bei mehrstufiger Fertigung die Vorgehensweise für die Ermittlung des Planbestandes vorgestellt.

3. Erprobung der Vorgehensweise in einem ausgewählten Unternehmen der Serienfertigung. Durch eine Abwahl eines Teilsystems aus dem Planungssystem wird mit einem Erprobungsverfahren eine wesentliche Senkung des Umlaufbestandes in Teilbereichen der Fertigung erzielt.

4. Ausblick auf ein um die Umlaufbestandsplanung erweitertes Planungs- und Steuerungssystem. Die Bausteine herkömmlicher Produktionsplanungssysteme müssen um Planungsfunktionen und Rechenverfahren erweitert werden. Schwerpunktmäßig liegen die Erweiterungen in den Bausteinen des Stücklistenaufbaus, der Bestands- und Bedarfsrechnung. Die Vorgehensweisen dazu sind beschrieben.

Aus dieser Arbeit ergeben sich zwei wesentliche Anstöße für weiterführende Forschungsarbeiten: Erstens die Übertragung der neuen Vorgehensweise in der Mengenplanung auf die Terminplanung und Fertigungsauftragssteuerung, um die heute noch parallele und phasenverschobene Vorgehensweise der Material- und Zeitwirtschaftsplanungssysteme in der Serienfertigung in eine geschlossene Gesamtplanung überführen zu können. Zweitens die Weiterführung des vorgestellten Ansatzes zur Gestaltung eines Systementwurfs mit Hilfe der Systemtheorie mit dem Ziel, allgemeine Planungsprobleme zu systematisieren und mit einer vereinheitlichten Methode zu lösen.

/1/ Kettner, H.: Neue Wege der Bestandsanalyse im Fertigungsbereich. Fachbericht des Arbeitsausschusses Fertigungswirtschaft (AFW) der deutschen Gesellschaft für Betriebswirtschaft (DGfB). Hannover: Institut für Fabrikanlagen der Technischen Universität Hannover, 1976.

/2/ Eisele, W.: Aspekte integrierter Formalziel- und Sachzielplanung im Lichte eines Gewinnplanungssystems. Betriebswirtschaftliche Forschung und Praxis 25 (1973) S. 593 ff.

/3/ Statistisches Jahrbuch für die Bundesrepublik. Hrsg.: Statistisches Bundesamt, Wiesbaden. Stuttgart: Kohlhammer-Verlag Bd. 1968 - Bd. 1978.

/4/ Wöhe, G.: Einführung in die Allgemeine Betriebswirtschaftslehre. München: Verlag Franz Vahlen, 13. Aufl. 1978.

/5/ Riesenkampff, G.: Auswirkung des Einsatzes elektronischer Datenverarbeitungsanlagen auf die Organisation. Berlin: Erich Schmidt Verlag 1969.

/6/ Gutenberg, E.: Grundlagen der Betriebswirtschaftslehre, Bd. I, Die Produktion. 22. Aufl. Berlin/Heidelberg/New York: 1976.

/7/ Hahn, R.: Computergestützte Planungssysteme bei der Produktionsplanung. In: Computergestützte Planungssysteme. Hrsg.: H. Noltemeier. Würzburg/Wien: Physica-Verlag 1976.

/8/ Stommel, H. J.: Entwicklung des Terminplanungssystems Dylamit und Untersuchungen über den Zusammenhang zwischen Grob- und Feinterminplanung. Aachen: Technische Hochschule, Dissertation 1970.

/9/ Arlt, J.: Dynamische Produktionsprogrammplanung. Voraussetzungen - Methodik - Durchführung. Aachen: Technische Hochschule, Dissertation 1971.

/10/ Dorloff, F.-D.: Entwicklung eines EDV-gestützten Planungsmodells zur kombinierten Produktionsprogramm-, Produktionsvollzugs- und Materialbereitstellungsplanung. Aachen: Technische Hochschule, Dissertation 1975.

/11/ Ellinger, T.: Wildemann, H.: Planung und Steuerung der Produktion. Wiesbaden: Gabler-Verlag 1978.

/12/ Elektronische Datenverarbeitung bei der Produktionsplanung und -steuerung IV: Materialbestands- und -bestellrechnung. VDI-Taschenbuch T 60. Hrsg.: VDI, Düsseldorf. Düsseldorf: VDI-Verlag 1974.

/13/ Müller-Merbach, H.: Die Bestimmung optimaler Losgrößen bei Mehrproduktfertigung. Darmstadt: Technische Hochschule, Dissertation 1962.

/14/ Beuermann, G.: Simultane Fertigungsprogramm- und Losgrößenplanung. Berlin: Technische Universität, Dissertation 1970.

/15/ Kettner, H.: Heinemeyer, W.: Ursachen der Kapitalbindung im Fertigungsbereich. In: Instrumente der Unternehmensführung. Hrsg.: Hax, K.: Peutzlin, K. München: Hanser-Verlag 1973. S. 53 - 73.

/16/ Heinemeyer, W.; Wegner, N.: Durchlaufzeit- und Bestandsanalyse im Fertigungsbereich. Fortschrittliche Betriebsführung/Industrial Engineering 26 (1977) Nr. 1, S. 41 - 47.

/17/ Kreutzfeldt, H. F.: Fertigungsdurchlaufzeit und Kapitalbindung /Industrial Engineering 4 (1974) Nr. 4, S. 347 - 353.

/18/ Loos, U.: Beitrag zur Analyse und Bewertung des innerbetrieblichen Materialflusses in der Einzel- und Kleinserienfertigung. Berlin: Technische Universität, Dissertation 1976.

/19/ REFA (Hrsg.): Methodenlehre der Planung und Steuerung. Teil 2: Planung. München: Hanser-Verlag, 2. Aufl. 1975.

/20/ Graf, H.; Nieß, P. S.: Die Durchlaufzeitanalyse deckt Schwachstellen in der Fertigungsorganisation auf. Arbeitsvorbereitung 13 (1976) Nr. 6, S. 12 - 16.

/21/ Krycha, K.-T.: Methoden der Ablaufplanung. Frankfurt: Verlag H. Deutsch 1972.

/22/ Koschnitzki, K.: Der Materialfluß als bedeutsame Kosteneinflußgröße im Maschinenbau. VDI-Z. 118 (1976) Nr. 12, S. 551 - 602.

/23/ Hackstein, R.; Schnabel, B: Zusammenhänge zwischen Organisation und Durchlaufzeiten bei Werkstattfertigung. Zeitschrift für wirtschaftliche Fertigung 71 (1976) Nr. 6, S. 234 - 240.

/24/ Böhm, H.: Überwachung betriebsnotwendiger Bestände bei Halbfabrikaten. Fortschrittliche Betriebsführung/ Industrial Engineering 26 (1977) Nr. 3, S. 177 - 180.

/25/ Jendralski, J.: Kapazitätsterminierung zur Bestandsregelung in der Werkstattfertigung. Hannover: Technische Universität, Dissertation 1978.

/26/ Wiggert, H.: Kurzfristige Programmoptimierung mit Hilfe der linearen Planungsrechnung in Betrieben mit mehrteiliger und mehrstufiger mechanischer Fertigung. Darmstadt: Technische Hochschule, Dissertation 1972.

/27/ Brankamp, K.: Terminplanungssystem. Würzburg/Wien: Physica-Verlag 1968.

/28/ Scheer, A.-W.: EDV-Systeme zur Organisation industrieller Produktionsprozesse. In: Handbuch der Organisation. Gernsbach/Baden: 1974, S. 229 - 253.

/29/ Grupp, B.: Modularprogramme für die Fertigungsindustrie. Berlin/New York: Springer-Verlag 1973.

/30/ Heß-Kinzer, D.: Fertigungssteuerung mit Modularprogrammen. Berlin/Köln/Frankfurt/M.: Beuth-Verlag 1976.

/31/ Elektronische Datenverarbeitung bei der Produktionsplanung und -steuerung I: Produktionsterminplanung und -steuerung. VDI-Taschenbuch T 10. Hrsg.: VDI, Düsseldorf. Düsseldorf: VDI-Verlag, 2. Aufl. 1971.

/32/ Elektronische Datenverarbeitung bei der Produktionsplanung und -steuerung II: Fertigungsterminplanung und -steuerung. VDI-Taschenbuch T 23. Hrsg.: VDI, Düsseldorf. Düsseldorf: VDI-Verlag, 2. Aufl. 1974.

/33/ Hübner, T.: Produktionsprogrammplanung bei dezentraler Fertigung unter besonderer Berücksichtigung der Verhältnisse in der Automobilindustrie. Braunschweig: Technische Universität, Dissertation 1975.

/34/ Alev, C.: Die Planung und Steuerung der Presswerke in der Automobilindustrie. Darmstadt: Technische Hochschule, Dissertation 1972.

/35/ Ropohl, G.: Systemtechnik-Grundlagen und Anwendung. München: Hanser-Verlag 1973.

/36/ Hichert, R.; Kornwachs, K.: Ein stufenweises approximatives Modell für die Ablaufplanung. Bericht des Instituts für Produktionstechnik und Automatisierung, Stuttgart. Stuttgart/Freiburg: 1977.

/37/ Kornwachs, K.; Warschat, J.: Systemtheoretische Skizze einer Problemlösungstechnik für System Dynamics. Bericht des Instituts für Produktionstechnik und Automatisierung, Stuttgart. Stuttgart/Freiburg: 1978.

/38/ Kornwachs, K.; Wilhelm, K. G.: Ein Modell der Erfassung und Kontrolle des Umlaufbestandes. Bericht des Instituts für Produktionstechnik und Automatisierung, Stuttgart. Stuttgart: 1979.

/39/ Berichte über den Lagerumschlag 1975 - 1978 der Volkswagen do Brasil S. A., Sao Bernardo do Campo, Sao Paulo, Brasilien.

/40/ Pfeiffer, W.: Allgemeine Theorie der technischen Entwicklung als Grundlage einer Planung und Prognose des technischen Fortschritts. Göttingen: Vandenhoeck u. Ruprecht, 1971.

/41/ Nick, F.: Motivation und Arbeitsverhalten. Mannheim: Universität, Dissertation 1973.

/42/ Koreimann, D. S.: Informationssysteme für die Bedürfnisse der Benutzer abstimmen. Industrielle Organisation 43 (1974) Nr. 3, S. 148 - 152.

/43/ Kornwachs, K.: Einführung in die Systemtheorie I und II. Manuskript des Instituts für Psychologie an der Universität Freiburg. Freiburg: 1976.

/44/ Klir, G. J.: An Approach to General System Theory. New York: Van Nostrand Reinhold 1969.

/45/ Elektronische Datenverarbeitung bei der Produktionsplanung und -steuerung VI: Begriffszusammenhänge, Begriffsdefinitionen. VDI-Taschenbuch T 77. Hrsg.: VDI, Düsseldorf. Düsseldorf: VDI-Verlag 1976.

/46/ Müller-Merbach, H.: Operation Research. München: Verlag Vahlen, 3. Aufl. 1973.

/47/ Große-Oetringhaus, W.: Typologie der Fertigung unter dem Gesichtspunkt der Fertigungsablaufplanung. Gießen: Universität, Dissertation 1972.

/48/ Hahn, R.; Kunerth, W.; Roschmann, K.: Fertigungssteuerung mit elektronischer Datenverarbeitung. Berlin/Köln/Frankfurt/M.: Beuth-Vertrieb 1973.

/49/ Hess-Kinzer, D.: Produktionsplanung und -steuerung mit EDV. Stuttgart/Wiesbaden: Forkel-Verlag 1976.

/50/ De Micheli, F.: Programmkonzepte zur Steuerung von Daten und Informationsströmen in der Fertigung. München: Verlag Moderne Industrie 1972.

/51/ Herbst, M.: Grundlagen der funktionalen Auftragsplanung in der industriellen Fertigung. Berlin/Köln/Frankfurt/M.: Beuth-Vertrieb 1972.

/52/ Bausteinsystem zur integrierten Fertigungsregelung mit EDV. Verfahren DISPO. München: Siemens AG 1970.

/53/ COPICS-Communications Oriented Production Information and Control System. IBM-Deutschland GmbH (IBM Form GH 12 - 1179 - 0). Stuttgart: 1974.

/54/ Ein System zur Produktionsplanung und -steuerung. Heller Nürtingen. In: Ellinger, Th.; Wildemann, H.: Praktische Fälle zur Produktionssteuerung. Wiesbaden: Gabler-Verlag 1977.

/55/ Hammer, H.: Integrierte Produktionssteuerung mit Modularprogrammen. Wiesbaden: Gabler-Verlag 1970.

/56/ Zeigermann, J.: EDV in der Materialwirtschaft. Stuttgart: Forkel-Verlag 1970.

/57/ Wilhelm, K. G.; Dangelmaier, W.; Nuding, A.: Ausarbeitung und Einführung eines Einfachsystems zur Umlaufkontrolle im Produktionsbereich. Unveröffentlichte Untersuchung des Instituts für Produktionstechnik und Automatisierung, Stuttgart. Stuttgart: 1977.

/58/ REFA(Hrsg.): Methodenlehre der Planung und Steuerung. Teil 3: Steuerung. München: Hanser-Verlag, 2. Aufl. 1975.

/59/ Wilhelm, K. G.; Dangelmaier, W.; Nuding, A.: Projektstudie zur Entwicklung eines EDV-gestützten Umlaufplanungs-, -steuerungs- und -kontrollsystems. Unveröffentlichte Untersuchung des Instituts für Produktionstechnik und Automatisierung, Stuttgart. Stuttgart: 1978.

/60/ Gross, F.; Muhme, H.: MOSCOR - Ein Programm für die Bedarfsauflösung auf der Grundlage des IBM/360-Stücklistenprozessors. IBM-Deutschland GmbH (Sonderdruck 78207).

/61/ Kapazitätsplanungs- und Arbeitsgangterminierungssystem (CAPOSS). Programmbeschreibung. IBM-Deutschland GmbH (IBM Form SB 12 - 3098 - 0). Stuttgart: 1974.

/62/ Lentes, H.-P.: Auslegung von Montagelinien mit Hilfe der Simulation. In: VDI-Berichte Nr. 323. Düsseldorf: VDI-Verlag, 1978.

/63/ Lentes, H.-P.; Auwärter, A.: EDV-unterstützte Leistungsabstimmung von Montagelinien. Werkstattstechnik - Zeitschrift für Industrielle Fertigung 67 (1977) Nr. 1, S. 43 - 48.

/64/ Capacity Loading and Scheduling System (CLASS). Programmbeschreibung. IBM-Deutschland GmbH (Form-Nr. H 12 - 1013 - 0). Stuttgart: 1971.

/65/ REFA (Hrsg.): Methodenlehre der Planung und Steuerung. Teil 3: Steuerung. München: Hanser-Verlag, 2. Aufl. 1975.

/66/ Dangelmaier, W.: Systematik zur Entwicklung und Einführung eines anwenderspezifischen Systems zur Ablaufplanung. Stuttgart: Universität, Dissertation 1978.

/67/ Arping, H.: Beitrag zur rechnergestützten Fertigungsregelung mit automatisierter Entscheidungshilfe im Störungsfall bei Einzel- und Kleinserienfertigung. Aachen: Technische Hochschule, Dissertation 1977.

/68/ Kernler, H. K.: Fertigungssteuerung mit EDV. Köln/Braunsfeld: Verlagsgesellschaft Rudolf Müller 1972.

/69/ Kornwachs, K.; von Lucadou, W.: Beitrag zum Begriff der Komplexität. Grundlagenstudien in Kybernetik und Geisteswissenschaft 16 (1975) Nr. 2, S. 51 - 60.

/70/ Bullinger, H.-J.: Ablaufplanung in der Konstruktion - Zeiten, Kapazitäten, Kosten. Mainz: Krausskopf-Verlag 1976.

/71/ Ropohl, G.: Flexible Fertigungssysteme. Mainz: Krausskopf-Verlag 1971.

/72/ Dolezalek, C. M.; Ropohl, G.: Ansätze zu einer produktionswissenschaftlichen Systematik der industriellen Fertigung. VDI-Z. 109 (1967) Nr. 16, S. 715 - 721.

/73/ Warnecke, H. J.; v. Stetten, R.: Puffer gegen Störungen in automatischen Fertigungslinien. Werkstattstechnik - Zeitschrift für industrielle Fertigung 65 (1975) Nr. 11, S. 677 - 682.

/74/ V. Stetten, R.: Auslegung von Störungspuffern in kapitalintensiven Fertigungslinien. Mainz: Krausskopf-Verlag 1977.

/75/ Rutz, K.: Gemeinsame Optimierung von Losgröße und Sicherheitsbestand. Industrielle Organisation 44 (1975) Nr. 3, S. 140 - 148.

/76/ Berichte über die Geschäftsjahre 1974 - 1977 der Volkswagen do Brasil S. A., Sao Bernardo do Campo, Sao Paulo, Brasilien.

/77/ Wilhelm, K. G.; Dangelmaier, W.; Schuele, P.: Ergebnisse zur Umlaufkontrolle im Produktionsbereich nach 6-monatiger Laufzeit. Unveröffentlichte Untersuchung des Instituts für Produktionstechnik und Automatisierung, Stuttgart. Stuttgart: 1978.

/78/ Elektronische Datenverarbeitung bei der Produktionsplanung und -steuerung III: Inforamtions- und Stücklistenwesen. VDI-Taschenbuch T 28. Hrsg.: VDI, Düsseldorf. Düsseldorf: VDI-Verlag, 2. Aufl. 1975.

/79/ Wilhelm, K. G.; Dangelmaier, W.: EDV-unterstütztes Umlaufplanungs- und -kontrollsystem. Unveröffentlichte Untersuchung des Instituts für Produktionstechnik und Automatisierung, Stuttgart. Stuttgart: 1978.

/80/ Scheer, A. W.: Produktionsplanung auf der Grundlage einer Datenbank des Fertigungsbereichs. München: Oldenburg-Verlag 1976.

/81/ Müller, E.: Simultane Losgrößen- und Reihenfolgeplanung bei mehrstufiger Mehrproduktfertigung unter besonderer Berücksichtigung des Kapazitätsabgleiches. Opladen: Westdeutscher Verlag 1974.

/82/ Strache, H.: Preise senken - Gewinne einkaufen. Handbuch für Einkauf und Materialwirtschaft. Lage/Lippe: Verlag R. Haberbeck 1975.

/83/ Hichert, R.: Stufenweise Ableitung eines praktischen Planungssystems für den Entwicklungsbereich. Stuttgart: Universität, Dissertation 1978. Mainz: Krausskopf-Verlag 1978.

9 ANHANG

9 ANHANG

9.1 PLANBESTÄNDE UND QUALITATIVE BESTANDSVERLÄUFE

9.1.1 Vorbemerkung

Im folgenden werden die Fälle 2, 3 und 5 - 9 erörtert. Dabei werden die Bestandsverläufe qualitativ in den Bildern (58 - 67) aufgezeigt. Die Planbestände werden als Ergebnis der Anwendung von Gleichung (21) ohne explizite Herleitung angegeben.

Eine fortlaufende Numerierung der Gleichungen entfällt.

9.1.2 Bearbeitungsfolge Fließ-/Losfertigung ($FZ \geq PZ$), (Fall 2)

Die betrachtete Kontrollgruppe produziert in Fließfertigung, die Nachfolge-Kontrollgruppe in Losfertigung, dessen Fertigungszyklus FZ_{j+1} größer als der Planungszyklus PZ ist. In Bild 58 ist der Bestandsverlauf dargestellt. Die Nachfolge-Kontrollgruppe fertigt zwischen T_1 und T_2 mit der Fertigungsdauer FD_{j+1}.

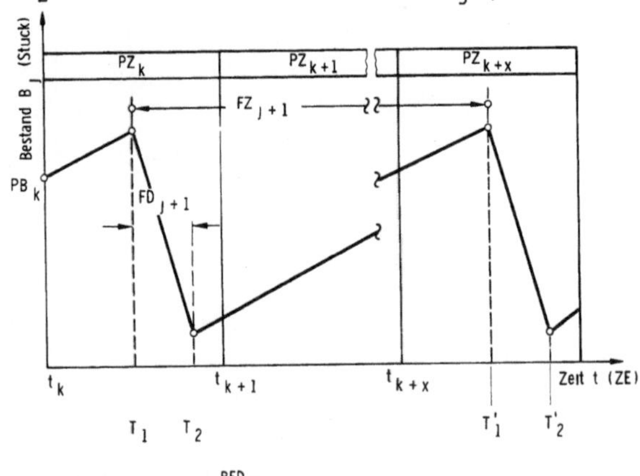

Bild 58: Bestandsverlauf für den Fall 2 (Fertigung des Nachfolgers im PZ)

In der Kontrollgruppe entsteht eine Bestandsmenge, die über der Menge der Umlaufanteile liegt, da die nachfolgende Kontrollgruppe nur zwischen den Zeitpunkten T_1 und T_2 fertigt. Für den Bestandsverlauf können sich drei Fälle ergeben:

Fall A: In einer Periode wird die Losfertigung des Nachfolgers begonnen und abgeschlossen (Bestandsverlauf zwischen T_1 und T_2, vgl. Bild 58),

Fall B: In einer Periode findet keine Losfertigung statt (Periode k+1),

Fall C: In einer Periode wird die Losfertigung begonnen aber nicht abgeschlossen (Bestandsverlauf zwischen T_1 und T_2, vgl. Bild 59).

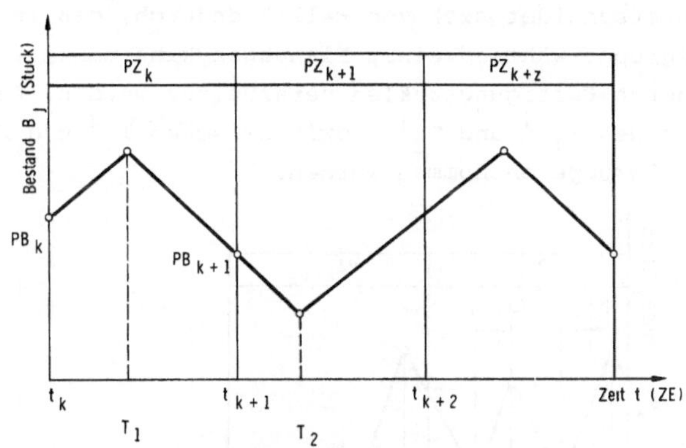

Bild 59: Bestandsverlauf für den Fall 2 (Fertigung des Nachfolgers über 2 Planungszyklen)

Für die Ermittlung des Planbestandes PB wird zur Vereinfachung festgelegt, daß der in der nachfolgenden Kontrollgruppe benötigte Bedarf gleichmäßig auf die n Planungszyklen verteilt wird, d.h., die Bedarfsrate wird zu

$$\widetilde{BR} = \frac{1}{n} \sum_{r=k}^{k+n-1} BED_r \;/\; t_{k+1} - t_k = \widetilde{BED} \;/\; t_{k+1} - t_k$$

Im Fall A gilt für den Planbestand:

$$PB_k = u^F + u_{LS} + \widetilde{BR}\ (t_k - T_2)$$

Im Fall B gilt für den Planbestand:

$$PB_k = u^F + u_{LS} + \widetilde{BR}\ \left[PZ - (t_k - T_2)\right]$$

Im Fall C gilt für den Planbestand:

$$PB_k = u^F + u_{LS} + \widetilde{BR}\left[PZ - (t_k - T_2)\right]$$

$$PB_k = u^F + u_{LS} + \left[2 \cdot BED/FD_{j+1} - v_{jk+1}\right] \cdot (T_2 - t_{k+1})$$

9.1.3 Bearbeitungsfolge Fließ-/Losfertigung (FZ < PZ), (Fall 3)

Dieser Fall unterscheidet sich von Fall 2 dadurch, daß in der Nachfolge-Kontrollgruppe während eines Planungszyklus mehrere Fertigungslose mit kleineren Fertigungszyklen verarbeitet werden. Das Bild 60 zeigt, daß zwischen $T_1^{\,1}$ und $T_2^{\,1}$, sowie zwischen $T_1^{\,2}$ und $T_2^{\,2}$ Objekte aus der Kontrollgruppe entnommen werden.

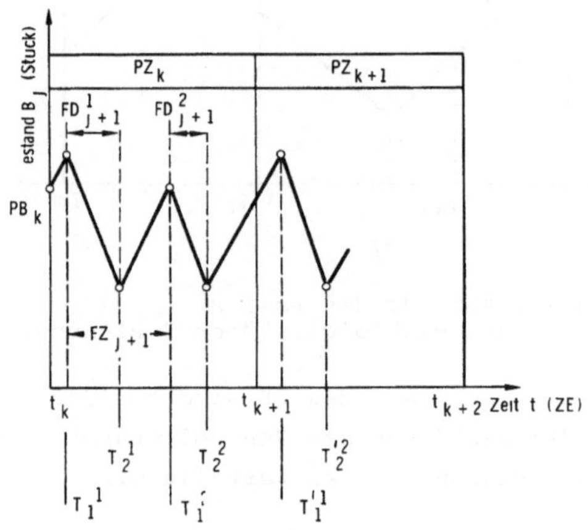

Bild 60: Bestandsverlauf für den Fall 3

Es werden hier zwei Fälle unterschieden:

Fall A: In der Periode k werden die Fertigungslose des Fertigungszyklus begonnen und abgeschlossen.

Fall B: In der Periode k wird ein Fertigungslos begonnen, aber erst in der Periode k + 1 abgeschlossen, wie in Bild 61 gezeigt.

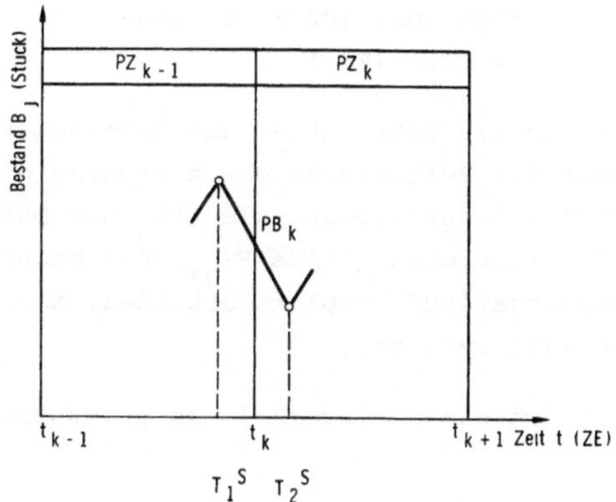

Bild 61: Bestandsverlauf für den Fall 3
(Fertigung im FZ über 2 Planungszyklen)

Im Fall B wird angenommen, daß das erste Fertigungslos des Planungszyklus k im Zyklus k - 1 beginnt und im Zyklus k endet.

s sei die Laufvariable des Fertigungszyklus in der Nachfolge-Kontrollgruppe, wobei m der Index des letzten Fertigungszyklus im Planungszyklus k ist. Es gilt:

$$BR^s = \frac{BED^s}{t_{k+1} - t_k}$$

Im Fall A gilt für den Planbestand:

$$PB_k = u^F + u_{LS} + \sum_{s=1}^{m} BR^s \cdot (t_{k+1} - T_2^{m})$$

Im Fall B gilt für den Planbestand:

$$PB_k = u^F + u_{LS} + (BR_{FZ}^1 - v_j) \cdot (T_2^1 - t_k)$$

wobei sich die Bedarfsrate auf den Fertigungszyklus bezieht:

$$BR_{FZ} = \frac{BED}{FZ} = \frac{BED}{t_{x+1} - t_x}$$

9.1.4 Bearbeitungsfolge Los- (FZ ≥ PZ)/Losfertigung (FZ ≥ PZ), (Fall 5)

Bei diesem Fall muß für die Betrachtung des Bestandsverlaufes zugrunde gelegt werden, daß die Zeitstrecke des kleinsten gemeinschaftlichen Vielfachen (KGV) der Fertigungszyklen FZ_j der betrachteten Kontrollgruppe j und der Fertigungszyklus FZ_{j+1} der Nachfolge-Kontrollgruppe j+1 den Bestandsverlauf komplett abbilden. Nach dieser Strecke wiederholt sich der Fall zyklisch.

Im Bild 62 ist für solch einen Wiederholungszyklus der Bestandsverlauf dargestellt.

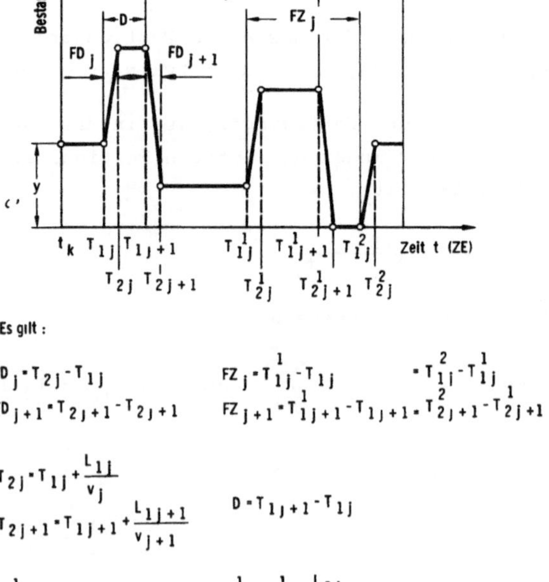

Bild 62: Bestandsverlauf für den Fall 5

Bei diesem Fall muß darauf geachtet werden, daß durch die zeitliche Folge von FZ_j und FZ_{j+1} keine negativen Lagerbestände bei der Errechnung des Planbestandes entstehen. Es wird eine Größe y definiert, die dieses Auftreten negativer Bestände verhindern soll (zusätzlich zum Zwischenlagerbestand u_{LS}). Der Wert y führt zu einer Erhöhung der Auftragsmenge A_j, die vor dem Zeitpunkt des Auftretens eines möglichen Fehlbestandes liegen muß.

Der Bestandsverlauf erhöht sich demnach um

$$B\ (t) = IB + y\ (t)\ .$$

Der Wert von y (t) errechnet sich für den Fall, daß die Losfertigung in einem Planungszyklus k begonnen und abgeschlossen wird, nach der Funktion

$$y\ (t) = \max_{\alpha} \left[\left| f_1\ (t_\alpha) - f_2\ (t_\alpha) \right| ,\ \alpha = 1,2,3,4 \right]$$

mit t aus den verschiedenen Zeitpunkten, zu denen f_1 und f_2 bestimmt werden.

Es bedeutet:

- l Laufvariable des Fertigungszyklus der betrachteten Kontrollgruppe j
- s Laufvariable des Fertigungszyklus der Nachfolge-Kontrollgruppe j + 1
- D Differenz zwischen Fertigungsbeginn T_{lj} und T_{lj+1}
- a Anzahl der Fertigungslose in der betrachteten Kontrollgruppe j = KGV/(FZ_j-1)
- b Anzahl der Fertigungslose in der Nachfolge-Kontrollgruppe j + 1 = KGV/(FZ_{j+1}-1)
- r Laufvariable der Planungszyklen für die Summation der Bedarfsmengen der Nachfolge-Kontrollgruppe j + 1
- q Laufvariable der Planungszyklen für die Summation der Fertigungslose der betrachteten Kontrollgruppe j

Es gilt also: l = l,....,a r = l,....,s
s = l,....,b q = l,....,l

Mit der Schreibweise

$$T^l = T + l \cdot FZ_j$$

und

$$T^s = T + s \cdot FZ_{j+1}$$

nehmen für die verschiedenen Zeitpunkte (vgl. Bild 62) die beiden Funktionen f_1 und f_2 die in Tab. 13 aufgelistete Form an.

α	Für	f_1 (t) =	
1	$T_{2j} < t_k < T_{1j}$	$v_j\,(t - T_1)$	
2	$T_{2j}^{l} < t_k < T_{1j}^{l}$	$v_j\,(t - T_{1j}^{l}) + \sum_{q=1}^{l} L_{qj}$	für l = 1 , a
3	$T_{1j}^{l-1} < t_k < T_{1j}^{l}$	$\sum_{q=1}^{l} L_{qj}$.	für l = 1, , a
4	$T_{2j}^{l-1} < t_k < [t_k + l\ FZ_j]$	$\sum_{q=1}^{l} L_{qj}$	für l = 1, ,a+1
α	**Für**	**f_2 (t) =**	
1	$T_{2j+1} < t_k < T_{1j+1}$	$v_{j+1}\,(t - T_{1j+1})$	
2	$T_{2j+1}^{s} < t_k < T_{1j+1}^{s}$	$v_{j+1}\,(t\ \ T_{1j+1}^{s}) + \sum_{r=1}^{s} BED_r$	für s = 1 , b
3	$T_{2j+1}^{s-1} < t_k < T_{1j+1}^{s}$	$\sum_{s=1}^{s} BED_r$	für s = 1, , b
4	$T_{2j+1}^{s-1} < t_k < [t_k + s\,FZ_{j+1}]$	$\sum_{r=1}^{s} BED_r$	für s = 1, ,b+1

Tabelle 13: Funktionswerte für f_1 (t) und f_2 (t)

Für den Fall, daß ein Los in einem Planungszyklus begonnen und im nächsten Planungszyklus abgeschlossen wird, ändert sich die Gestalt der Funktionen f_1 und f_2 entsprechend.

Für den Planbestand PB zum Zeitpunkt t_k ist

$$PB_{jk} = u_{LS} + M,$$

wenn man wie im Fall 4 A annimmt (vgl. Kap. 4.6.3), daß die Losgrößen der ersten Kontrollgruppe j immer größer als der Planumlauf in der Fertigungsstelle sein soll.

Der Ausdruck M wird bestimmt durch die in Bild 63 dargestellten Fälle, die sich nach der Lage der Fertigungszeiten der Kontrollgruppen im Raster des Planungszyklus unterscheiden.

Bei der Berechnung von M wurde vorausgesetzt, daß die Fertigungszeit der Nachfolge-Kontrollgruppe j+1 ≥ der Fertigungszeit der betrachteten Kontrollgruppe j entspricht.

Fall	Kontroll-gruppe	PZ_{k-1}	PZ_k	PZ_{k+1}	PZ_{k+2}	Unterfälle	Ausdruck M
A	j	T_{1j}	T_{2j}	T^1_{1j}	T^1_{2j}	$T_{1j} \geq T_{1j+1}$	$M = 0$
	j+1	T_{1j+1}	T_{2j+1}	T^1_{1j+1}	T^1_{2j+1}	$T_{1j} < T_{1j+1}$	$M = (T_{1j+1} - T_{1j})\, v_j$
B	j						$M = (t_k - T_{1j})\, v_j$
	j+1						
C	j						$M = (T_{1j} - t_k)\, v_{j+1}$
	j+1						
D	j						$M = 0$
	j+1						
E	j						$M = (t_k - T_{1j})\, v_j$
	j+1						
F	j						$M = (T_{2j+1} - t_k)\, v_{j+1}$
	j+1						
G	j					$T_{1j} < T_{1j+1}$	$M = 0$
	j+1					$T_{1j} > T_{1j+1}$	$M = BED_j$
		t_{k-1}	t_k	t_{k+1}	t_{k+2}	Fertigungsdauer ——	

Bild 63: Ausdruck M für die verschiedenen Fälle

Die Fälle A - D sind Fälle der sogenannten überlappten Fertigung.

9.1.5 Bearbeitungsfolge Los- (FZ $\geq$ PZ)/Losfertigung (FZ < PZ), (Fall 6)

Wie im Fall 4 ist hier der Fertigungszyklus der betrachteten Kontrollgruppe für den Bestandsverlauf dominierend, da sich der Fertigungszyklus der Nachfolge-Kontrollgruppe zyklisch im Planungszyklus wiederholt. Der Bestandsverlauf ist aus Bild 64 zu ersehen.

Für die Berechnung des Planbestandes lassen sich die vier Fälle in Tab. 14 unterscheiden.

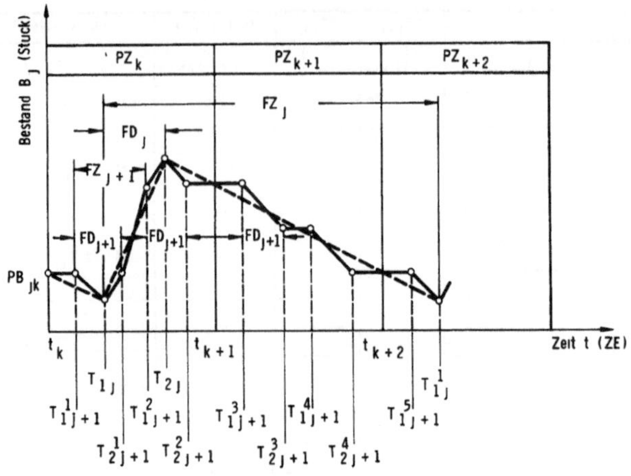

Bild 64: Bestandsverlauf für den Fall 6

FALL 6	Nachfolgende Kontrollgruppe fertigt innerhalb der Planungsperiode	Nachfolgende Kontrollgruppe beginnt in einer Planungsperiode und endet in der nachsten
Betrachtete Kontrollgruppe fertigt innerhalb der Planungsperiode	$PB = u_{LS} + \sum_{r=1}^{b} BED_{jr}$ **A**	$PB = u_{LS} + \sum_{r=1}^{b+1} BED_{jr}$ **C**
Betrachtete Kontrollgruppe beginnt in einer Planungsperiode und endet in der nachsten	$PB = u_{LS} + (t_k - T_{1j}) \cdot v_j$ **B**	$PB = u_{LS} + (t_k - T_{1j}) \cdot v_j - \sum_{r=1}^{b+1} BED_{jr}$ **D**
fur b = Anzahl der Fertigungslose der Nachfolgekontrollgruppe in $[t_k, T_{1j}]$		

Tabelle 14: Planbestände für die Fälle A - D

9.1.6 Bearbeitungsfolge Los- (FZ < PZ)/Fließfertigung (Fall 7)

Dieser Fall stellt die Umkehrung von Fall 3 dar. u_{FS}, u_{FF} und u_{FD} sind hier jedoch nicht zu berücksichtigen, da sie aus den Fertigungslosmengen abgedeckt werden.

Der Bestandsverlauf ist im Bild 65 dargestellt.

Die Fälle A und B von Fall 3 sind nun auf die betrachtete Kontrollgruppe anzuwenden.

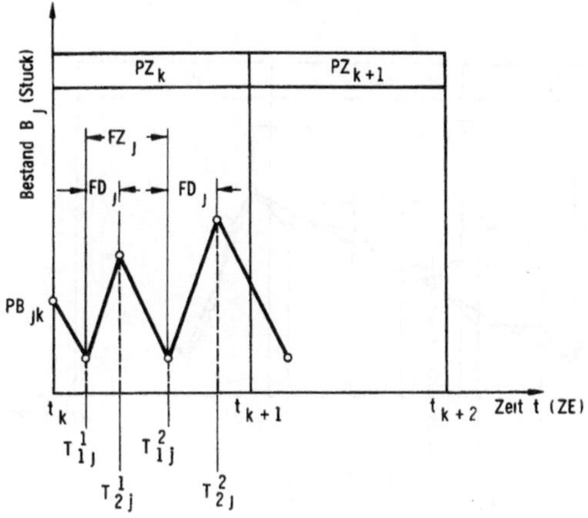

Bild 65: Bestandsverlauf für den Fall 7

Im Fall A gilt für den Bestandsverlauf:

$$PB = u_{LS} + (T^1_{1j} - t_k)\ v_{j+1}$$

Im Fall B gilt für den Bestandsverlauf:

$$PB = u_{LS} + (v_j - v_{j+1})\ (t_k - T_1{}^1{}_{k-1})$$

9.1.7 Bearbeitungsfolge Los- (FZ < PZ)/Losfertigung (FZ ≥ PZ), (Fall 8)

Für die Betrachtung ist der Fertigungszyklus der Nachfolge-Kontrollgruppe ausschlaggebend, da sich die Fertigungsreihenfolge der betrachteten Kontrollgruppe zyklisch je Planungszyklus wiederholt. Der Bestandsverlauf ist in Bild 66 dargestellt.

Für die Berechnung des Planbestandes PB lassen sich wiederum wie im Fall 6 die vier Fälle in Tab. 15 unterscheiden.

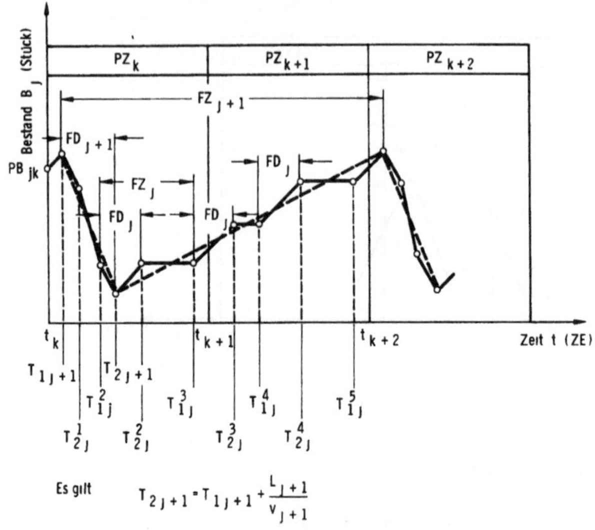

Bild 66: Bestandsverlauf für den Fall 8

FALL 8	Nachfolgende Kontrollgruppe fertigt innerhalb der Planungsperiode	Nachfolgende Kontrollgruppe beginnt in einer Planungsperiode und endet in der nachsten
Betrachtete Kontrollgruppe fertigt innerhalb der Planungsperiode	$PB = u_{LS} + BED_{j+1} - \sum_{q=1}^{a} L_{qj}$ **A**	$PB = u_{LS} + BED_{j+1} - \sum_{q=1}^{a+1} L_{qj}$ **C**
Betrachtete Kontrollgruppe beginnt in einer Planungsperiode und endet in der nachsten	$PB = u_{LS} + BR_{j+1} \cdot (T_{2j+1} - t_k) - \sum_{q=1}^{a+1} L_{qj}$ **B**	$PB = u_{LS} + BR_{j+1} \cdot (T_{2j+1} - t_k) - \sum_{q=1}^{a+1} L_{qj}$ **D**
fur a = Anzahl der Fertigungslose in $[t_k, T_{2j+1}]$		

Tabelle 15: Planbestände für die Fälle A - D

9.1.8 Bearbeitungsfolge Los- (FZ < PZ)/Losfertigung (FZ < PZ), (Fall 9)

Nachdem sich die Fertigungszyklen beider Kontrollgruppen innerhalb des Planungszyklus wiederholen, ist die Betrachtung eines Planungszyklus ausreichend. Der Bestandsverlauf ist in Bild 67 dargestellt.

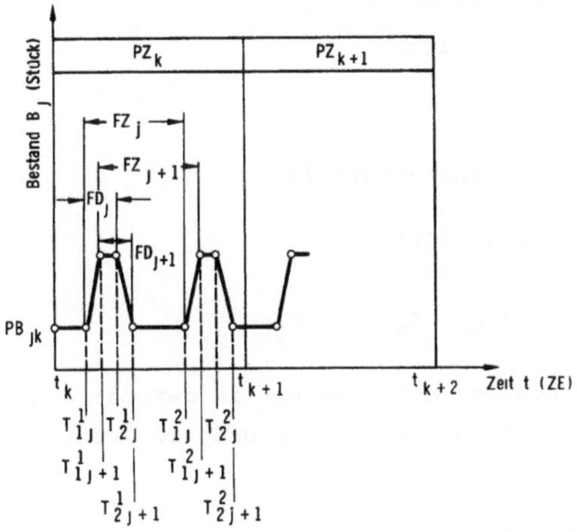

Bild 67: Bestandsverlauf für den Fall 9

In diesem Fall ist ebenfalls wie im Fall 5 die Abprüfung des Wertes y erforderlich.

Im speziellen Fall kann davon ausgegangen werden, daß die beiden Kontrollgruppen aufeinander abgestimmt fertigen. Beim Übergang zwischen den beiden Kontrollgruppen treten also keine losgrößenbedingten Bestandserhöhungen auf. Vielmehr wird von einer vollständigen Überlappung ausgegangen. Es wird angenommen, daß die betrachtete Kontrollgruppe bis zum Übergang in die Nachfolge-Kontrollgruppe zunächst u_{FF}, u_{FS} und u_{FD} produzieren muß.

Es lassen sich vier Fälle unterscheiden:

Es sei T_U die Zeit, in der nach $T^1{}_{2j}$ der Umlauf u^F aus der Fertigungsstelle durch die nachfolgende Kontrollgruppe aufgenommen worden ist.

$T_U = T^m{}_{2j} + \frac{u^F}{v_j}$ mit $v_j = v_{j+1}$ und $m = 1,\ldots,a$ als die Laufvariable für die Anzahl der Fertigungslose im Planungszyklus.

Für die beiden folgenden Fälle gilt, daß die Fertigung in der betrachteten Kontrollgruppe beginnt und in einem Planungszyklus endet.

Im Fall A gilt für den Bestandsverlauf:

Für $T_U \leq t_{k+1}$ ist:

$$PB = u_{LS}$$

Im Fall B gilt für den Bestandsverlauf:

Für $T_U > t_{k+1}$ ist:

$$PB = u_{LS} + (T_U - t_{k+1}) \cdot v_j$$

Für die beiden folgenden Fälle beginnt in der betrachteten Kontrollgruppe die Fertigung in der Periode k und sie endet in der Periode k+1.

Im Fall C gilt für den Bestandsverlauf:

Für $T_U \leq t_{k+1}$ ist:

$$PB = u^F + u_{LS}$$

Im Fall D gilt für den Bestandsverlauf:

Für $T_U > t_{k+1}$ ist:

$$PB = u_{LS} + (t_{k+1} - T_1{}^m) \cdot v_j \qquad \text{für } m = 1,\ldots\ldots, a+1.$$

9.2 FORMULARE DES ERPROBUNGSSYSTEMS

9.2.1 Formular 1 zur Erfassung und Ermittlung von Ist-Werten

Teile-Nummer	Benennung	Kostenstelle:	
Ausschuss (25) %		zweischichtig ☐ dreischichtig ☐	

Jahr	Woche	Kennziffer	Bestandsbewegungen												IST-Bestände							
			(30) Zugang Kosten-stelle	(31) Abgang OK Teile Kosten-stelle	(31)a Abgang KD Teile	(32) Aus-schuss	(33) Zugang Zwischen lager	(34) Abgang Zwischen lager	(35) Abgang ZP (35)a+(35)b +(35)c	(35)a Abgang Serie	(35)b Abgang Export	(35)c Abgang CKD, KD	(36) Abgang ZP	(37) Abgang ZP 7	(38) Kosten-stelle (38)+(30) -(31)-(32)	(39) Zwischen lager (39)+(33) -(34)	(40) Linie bis ZP (40)+(31)-(31)a-(33) +(34)-(35)	(41) ZP bis ZP (41)+(35)a -(36)	(42) ZP bis ZP 7 (42)+(36) -(37)	(43) Summe bis ZP (38)+(39) +(40)	(44) Summe bis ZP (43)+(41)	(45) Summe bis ZP 7 (44)+(42)

Bedeutung und Ermittlung der Feldinhalte

25 - Wie Formular 2

30 - Materialzugang in die betrachtete Kostenstelle (uber eine Kontrollperiode kumuliert)

31 - Abgang von der Inspektion freigegebener Objekte aus der Kostenstelle (uber eine Kontrollperiode kumuliert)

31a Abgang von Ersatzteile-Objekten aus der Kostenstelle (31a ist mengenmaßig in 31 enthalten)

32 - Angefallener Ausschuß (Material + Bearbeitung) in der Kostenstelle (uber eine Kontrollperiode kumuliert)

33 Zugang in das Zwischenlager (uber eine Kontrollperiode kumuliert)

34 - Abgang aus dem Zwischenlager (uber eine Kontrollperiode kumuliert)

35a - Abgang uber Aggregatezahlpunkt fur die Serie (objektbezogen) (uber eine Kontrollperiode kumuliert)

35b Abgang uber Aggregatezahlpunkt fur die Verbundfertigung (objektbezogen) (uber eine Kontrollperiode kumuliert)

35c - Abgang uber Aggregatezahlpunkt fur CKD und KD (objektbezogen) (uber eine Kontrollperiode kumuliert)

35 Gesamt-Abgang uber Aggregatezahlpunkt 35a + 35b + 35c (objektbezogen) (uber eine Kontrollperiode kumuliert)

36 - Gesamt-Abgang uber Aggregatezahlpunkt (objektbezogen) (uber eine Kontrollperiode kumuliert)

37 - Fahrzeugabgang am Zahlpunkt 7 (objektbezogen) (kumuliert uber eine Periode)

38 - Istbestand in der Kostenstelle am Ende einer Kontrollperiode (38 alt + 30 - 31 - 32)

39 - Istbestand im Zwischenlager am Ende einer Kontrollperiode (39 alt + 33 - 34)

40 - Dabei ist vorausgesetzt, daß Abgang aus Kontrollgruppe j uber einen Aggregatezahlpunkt fuhrt Berechnung (40 alt + 31 - 31a - 33 + 34 - 35)

41 - Istbestand in Kontrollgruppe j = n - 1 (falls n - 1 = j 41 = 0)

42 - Istbestand in Kontrollgruppe j = n (falls n = j 42 = 0)

43 - Istbestande (Berechnung 38 + 39 + 40)

44 - Istbestande (Berechnung 43 + 41)

45 - Istbestande (Berechnung 44 + 42)

9.2.2 Formular 2 zur Ermittlung von Soll-Werten

Teile-Nummer	Benennung	Kostenstelle:	Umlaufanteile: Fertigungsstelle			Zwisch.-Lag.	Gesamtumlauf
Ausschuss ㉕ °/o		zweischichtig ☐ dreischichtig ☐	U_{FF} ① (St.)	U_{FD} ② (St.)	U_{FS} ④ (Tg.)	U_{LS} ⑤ (Tg.)	U_{GES} ● (Tg)

Jahr	Woche	Kennziffer	Programm (St./Tag) ⑥ Serie	⑦ CKD	⑧ Export	⑨ KD	⑩ Veränd. ㉕·⑪	⑪ Summe ⑥+⑦+⑧+⑨	⑫ Summe ⑩+⑪	Kostenst.+Zwischenlg.	⑭ ⑤x⑪	⑮ ④x⑫	Aggregate-Umläufe ⑯ U_{AZP}	⑰ U_{AEX}	⑱ U_{AZP}	⑲ $U_{AZP\,7}$	Planbestände ⑳ Kostenst. ①+②+⑮	㉑ Zwischlg. ⑭	㉒ bis ZP ⑳+㉑+⑯	㉓ bis ZP ㉒+⑱	㉔ bis ZP 7 ㉓+⑲

Bedeutung und Ermittlung der Feldinhalte

1 Feldinhalte gem Kap 5 4 3
5

6 - Durchschnittliche Tagesproduktion des Objektes aus Programm der Serienfertigung

7 - Durchschnittliche Tagesproduktion des Objektes aus Programm der CKD-Fertigung

8 - Durchschnittliche Tagesproduktion des Objektes aus Programm der Verbundfertigung

9 Durchschnittliche Tagesproduktion des Objektes aus Programm der Ersatzteil-Anforderung

10 Zusätzliche Materialbereitstellung pro Tag auf Grund durchschnittlicher Ausschußerwartung = 25 x 11

11 - Summe des durchschnittlichen Tagesprogramms = 6 + 7 + 8 + 9

12 - Gesamte erforderliche Materialbereitstellung pro Tag = 10 + 11

14 - Auf das aktuelle Tagesprogramm bezogener Sollumlauf u_{LS} = 5 x 11

15 - Auf das aktuelle Tagesprogramm bezogener Sollumlauf u_{FS} = 5 x 12

16 - Auf das aktuelle Tagesprogramm bezogener Aggregateumlauf u_{AZP} = Kontrollgruppe (zu berechnen nach Definition siehe Kap 5 4 2) Dabei wird vorausgesetzt, daß der Abgang aus der Kontrollgruppe j uber einen Aggregatezahlpunkt erfolgt

17 - Festgelegter Aggregateumlauf fur Verbundaggregate u_{AEX} nach Verlassen der Kontrollgruppe j bis zum Versand

18 Auf das aktuelle Tagesprogramm bezogener Aggregateumlauf u_{AZP} in Kontrollgruppe j = n - 1 (falls n - 1 = j 18 = 0

19 Auf das aktuelle Tagesprogramm bezogener Aggregateumlauf $u_{AZP\,7}$ in Kontrollgruppe j = n (falls n = j 19 = 0)

20 - Gesamter Planbestand in der betrachteten Kostenstelle, Berechnung 1 + 2 + 15

21 - Gesamter Planbestand im zur Kontrollgruppe gehorenden Zwischenlager 14

22 - Gesamter Planbestand in Kontrollgruppe + Planbestand in allen nachgeordneten Kontrollgruppen bis zum Aggregatezahlpunkt (Ende Kontrollgruppe j = k), Berechnung, 20 + 21 + 16

23 - Gesamter Planbestand in Kontrollgruppe + Planbestand in allen nachgeorddeten Kontrollgruppen bis zum Aggregatezahlpunkt = 22, aktueller Planbestand in Kontrollgruppe

24 - Gesamter Planbestand in allen Kontrollgruppen bis zum Zahlpunkt 7, Berechnung 23 + 19

25 - Durchschnittlicher Ausschuß des Teiles in %

26 - Alter Planwert - ubernommen aus Arbeitsunterlage

9.2.3 Formular 3 zur Durchführung des Soll/Ist-Vergleichs

Teile-Nummer	Benennung	Kostenstelle:	SOLL-/IST-VERGLEICHE	MATERIALWERT (in Grz.) (I)
Ausschuss (25) %		zweischichtig ☐ dreischichtig ☐		

Jahr	Woche	Kennziffer	Planbestand Kostenstelle (20)	Istbestand Kostenstelle (38)	(A) Differenz ± Istbestand-Planbest.	Planbestand Zwisch. lager (21)	Istbestand Zwischn. lager (39)	(B) Differenz ± Istbestand-Planbest.	Aggr.-Umlauf U_{AZP} (15)	Linie bis ZP (40)	(C) Differenz ± Istbestand-Planbest.	Aggr.-Umlauf U_{AZP} (18)	ZP bis ZP (41)	(D) Differenz ± Istbestand-Planbest.	Aggr.-Umlauf $U_{AZP\,7}$ (19)	ZP bis ZP 7 (42)	(E) Differenz ± Istbestand-Planbest.	Planbestand Summe bis ZP 7 (neu) (26)	Planbestand Summe bis ZP 7 (alt) (26) × (11)	Istbestand Summe bis ZP 7 (45)	(F) Differenz ± Istbestand-Planbest.(neu)	(G) Differenz ± Istbestand-Planbest.(alt)	Produktionsprogramm (11) × Anzahl der AT in der Woche	Produktion (37)a + (38)b + (38)c + (37)	(H) Differenz ± (kumul.) Produktion-Prog.

Bedeutung und Ermittlung der Feldinhalte

Die Spalten 20, 21, 16, 18, 15, 24, 26, 11 werden aus Formular (2) übernommen, die Spalten 38, 39, 40, 41, 42, 45, 37 werden aus Formular (1) entnommen und gegenübergestellt

A Differenz zwischen Istbestand und Planbestand in der Kostenstelle
+ Überbestand
- Unterbestand

B Differenz zwischen Istbestand und Planbestand im Zwischenlager
+ Überbestand
- Unterbestand

C Differenz zwischen Istbestand und Planbestand in Kontrollgruppe
+ Überbestand
- Unterbestand

D Differenz zwischen Istbestand und Planbestand in Kontrollgruppe

E Differenz zwischen Istbestand und Planbestand in Kontrollgruppe

F Differenz zwischen Istbeständen und Planbeständen in den Kontrollgruppen
+ Überbestand
- Unterbestand

G Differenz zwischen Istbestand und seitherigen Planbeständen in den Kontrollgruppen

H Differenz zwischen Istproduktion und Produktionsprogramm (kumulativ), Produktionsrückstand oder Produktionsvorlauf wird somit erkenntlich

I B-Preis des Objektes als Kostenabschätzungsgrundlage des Materials

9.2.4 Formular 4 zur Ursachenfindung

Teile-Nummer	Benennung	Kostenstelle:	
Ausschuss (25) %		zweischichtig ☐ dreischichtig ☐	

Jahr	Woche	Kennz.	(A)	(B)	(C)	(D)	(E)	(G)/(F)	(H)	Bemerkungen zu den Differenzen (A) - (H)

Bedeutung und Ermittlung der Feldinhalte

In den Spalten A, B, C, D, E, F, G, H wird angekreuzt, zu welchen Differenzen aus Formular (3) Stellung vom Kostenstellenverantwortlichen genommen werden und welche Reaktion eingeleitet werden muß

Additional material from *System zur Planung des Umlaufbestandes in Betrieben mit Serienfertigung,*
ISBN 978-3-540-10377-6, is available at http://extras.springer.com

IPA Forschung und Praxis

Schriftenreihe aus dem Institut fur Produktionstechnik und Automatisierung, Stuttgart

Herausgeber Prof Dr-Ing H J Warnecke

Datenerfassung im Produktionsbereich
Von E Bendeich ISBN 3-7830-0117-8
1977, 176 Seiten, kartoniert 54,— DM

Methodenauswahl fur die Materialbewirtschaftung in Maschinenbau-Betrieben
Von H Graf ISBN 3-7830-0136-6
1977, 144 Seiten, kartoniert 54,— DM

Systematische Auswahl von Forderhilfsmitteln fur den innerbetrieblichen Materialfluß
Von W Rau ISBN 3-7830-0139-0
1977, 103 Seiten, kartoniert 40,— DM

Grundlagen zur Planung von Ersatzteilfertigungen
Von E Schulz ISBN 3-7830-0138-2
1977, 98 Seiten, kartoniert 40,— DM

Rechnerunterstutzte Fabrikplanung
Von B Minten ISBN 3-7830-0116-1
1977, 124 Seiten, kartoniert 38,— DM

Eine Planungsmethode fur automatische Montagesysteme
Von H-G Lohr ISBN 3-7830-0120-X
1977, 108 Seiten, kartoniert 32,— DM

Planung und Bewertung von Arbeitssystemen in der Montage
Von H Metzger ISBN 3-7830-0131-5
1977, 108 Seiten, kartoniert 40,— DM

Klassifizierungssystem fur Prufmittel der industriellen Langenpruftechnik
Von R Czetto ISBN 3-7830-0144-7
1978, 181 Seiten, kartoniert 64,— DM

Rechnerunterstutzte Montageplanung
Von O Hirschbach ISBN 3-7830-0149-8
1978, 146 Seiten, kartoniert 52,— DM

Rechnerunterstutzte Entwicklung von Simulationsmodellen für Unternehmensplanspiele
Von A Moker ISBN 3-7830-0147-1
1978, 181 Seiten, kartoniert 64,— DM

Arbeitsplatzanalysen zur Ermittlung der Einsatzmöglichkeiten und Anforderungen an Industrieroboter
Von G Herrmann ISBN 37830-0151-X
1978, 113 Seiten, kartoniert 40,— DM

MFSP — Ein Verfahren zur Simulation komplexer Materialflußsysteme
Von G Stemmer ISBN 3-7830-0118-8
1977, 140 Seiten, kartoniert 60,— DM

Beruhrungslose Erkennung durch Positionsbestimmung von Objekten durch inkohärent-optische Korrelation
Von M Konig ISBN 3-7830-0137-4
1977, 110 Seiten, kartoniert 40,— DM

Auslegung von Storungspuffern in kapitalintensiven Fertigungslinien
Von R v Stetten ISBN 3-7830-0140-4
1977, 154 Seiten, kartoniert 56,— DM

Flexible Transportablaufsteuerung
Von G Romer ISBN 3-7830-0114-5
1977, 188 Seiten, kartoniert 60,— DM

Rechnergestutzte Realplanung von Fabrikanlagen
Von T-K Sauter ISBN 3-7830-0119-6
1977, 108 Seiten, kartoniert 32,— DM

Systematisches Auswahlen und Konzipieren von programmierbaren Handhabungsgeräten
Von R D Schraft ISBN 3-7830-0115-3
1977, 108 Seiten, kartoniert 32,— DM

Auslandsproduktion
Von W Cypris ISBN 3-7830-0145-5
1978, 126 Seiten, kartoniert 42,— DM

Wirtschaftlicher Einsatz von Mehrkoordinatenmeßgeraten
Von M Dietzsch ISBN 3-7830-0148-X
1978, 142 Seiten, kartoniert 52,— DM

Fertigungssteuerung bei flexiblen Arbeitsstrukturen
Von K-G Lederer ISBN 3-7830-0146-3
1978, 128 Seiten, kartoniert 42,— DM

Untersuchungen zum Polieren und Entgraten durch elektrochemisches Oberflächenabtragen
Von K Zerweck ISBN 3-7830-0150-1
1978, 110 Seiten, kartoniert 40,— DM

Stufenweise Ableitung eines praktischen Planungssystems fur den Entwicklungsbereich
Von R Hichert ISBN 3-7830-0149-8
1978, 151 Seiten, kartoniert 52,— DM

Produktionsplanung mit Auftragsfamilien
Von U W Geitner ISBN 3-7830-0161 7
1979, 110 Seiten, kartoniert 45,— DM

Thermisch-chemisches Entgraten
Von T Wagner ISBN 3-7830-0164-1
1979, 111 Seiten, kartoniert 45,— DM

Untersuchung der Materialflußkosten bei ausgewählten Systemen der Zentralen Arbeitsverteilung
Von R Wenzel ISBN 3-7830-0162-5
1979, 168 Seiten, kartoniert 86,— DM

Anpassung und Einführung eines Planungssystems für die Ablaufplanung im Konstruktionsbereich
Von W Dangelmaier ISBN 3-7830-0163-3
1979, 168 Seiten, kartoniert 80,— DM

Langenmessungen an bewegten Teilen mit beruhrungslos wirkenden Aufnehmern
Von H Lang ISBN 3-7830-0157-9
1979, 89 Seiten, kartoniert 42,— DM

Untersuchung multistabiler Strömungselemente und ihr Einsatz in sequentiellen Steuerungen
Von A Ernst ISBN 3-7830-0157-9
1979, 122 Seiten, kartoniert 48,— DM

Taktile Sensoren fur programmierbare Handhabungsgeräte
Von M Schweizer ISBN 3-7830-0158-7
1979, 91 Seiten, kartoniert 42,— DM

Die rechnerunterstutzte Prufplanung
Von P Blasing ISBN 3-7830-0152-8
1979, 100 Seiten, kartoniert 44,— DM

Verfahren zur Fabrikplanung im Mensch-Rechner-Dialog am Bildschirm
Von W Ernst ISBN 3-7830-0156-0
1979, 218 Seiten, kartoniert 72,— DM

Rechnerunterstutztes Verfahren zur Leistungsabstimmung von Mehrmodell-Montagesystemen
Von M Gorke ISBN 3-7830-0155-2
1979, 139 Seiten, kartoniert 50,— DM

Standortbezogene Betriebsmittel
Von G Pflieger ISBN 3-7830-0167-6
1979, 127 Seiten, kartoniert 52,— DM

Die betriebswirtschaftliche Beurteilung neuer Arbeitsformen
Von B -H Zippe ISBN 3-7830-0168-4
1979, 350 Seiten, kartoniert 98,— DM

Untersuchung des Arbeitsverhaltens programmierbarer Handhabungsgerate
Von B Brodbeck ISBN 3-7830-0169-2
1979, 117 Seiten, kartoniert 48,— DM

Untersuchung eines koharent-optischen Verfahrens zur Rauheitsmessung
Von N Rau ISBN 3-7830-0174-9
1979, 117 Seiten, kartoniert 48,— DM

Entwicklung einer programmierbaren, pneumatischen Steuerung
Von D Klemenz ISBN 3-7830-0171-4
1979, 93 Seiten, kartoniert 42,— DM

Diese Berichte sind zu beziehen durch den Krausskopf-Verlag, Lessingstraße 12, 6500 Mainz

IPA Forschung und Praxis

Berichte aus dem Fraunhofer-Institut für Produktionstechnik und Automatisierung, Stuttgart, und dem Institut für Industrielle Fertigung und Fabrikbetrieb der Universitat Stuttgart

Herausgeber Prof Dr-Ing H J Warnecke

38 **Arbeitsgangterminierung mit variabel strukturierten Arbeitsplänen — Ein Beitrag zur Fertigungssteuerung flexibler Fertigungssysteme**
Von U Maier ISBN 3-540-10213-2
1980, 111 Seiten mit 45 Abbildungen 43,— DM

39 **Kapazitätsabgleich bei flexiblen Fertigungssystemen**
Von P S Nieß ISBN 3-540-10372-4
1980, 151 Seiten mit 57 Abbildungen 48,— DM

40 **Schichtdickenverteilung auf galvanisierten Paßteilen am Beispiel kleiner abgesetzter Wellen und Bohrungen**
Von D Wolfhard ISBN 3-540-10373-2
1980, 177 Seiten mit 83 Abbildungen 48,— DM

41 **Planung von Mehrstellenarbeit unter Berücksichtigung von Umfeldaufgaben**
Von S Haußermann ISBN 3-540-10374-0
1980, 136 Seiten mit 59 Abbildungen 48,— DM

42 **Untersuchungen zur Schmierfilmdicke in Druckluftzylindern — Beurteilung der Abstreifwirkung und des Reibungsverhaltens von Pneumatikdichtungen mit Hilfe eines neu entwickelten Schmierfilmdicken-meßverfahrens**
Von R Kohnlechner ISBN 3-540-10375-9
1980, 100 Seiten mit 38 Abbildungen und 4 Tabellen 43,— DM

43 **Typologie zum überbetrieblichen Vergleich von Fertigungssteuerungsverfahren im Maschinenbau**
Von G Rabus ISBN 3-540-10376-7
1980, 174 Seiten mit 88 Abbildungen und 21 Tafeln 48,— DM

44 **System zur Planung des Umlaufbestandes in Betrieben mit Serienfertigung**
Von K-G Wilhelm ISBN 3-540-10377-5
1980, 142 Seiten mit 67 Abbildungen und 15 Tafeln 48,— DM

Die Berichte 38 und folgende sind zu beziehen durch den Springer-Verlag, Berlin Heidelberg New York